페렐만의 살아있는 수학 4

국립중앙도서관 출판시도서목록(CIP)

(페렐만의) 살아있는 수학 4, 기하학
지은이: Yakov I. Perelman ; 옮긴이: 김영란. – 서울 : 써네스트, 2010
232p. ; 15.3cm X 22.4 cm 원서명: Zanimatel'naya Geometriya
ISBN 978-89-91958-40-1 03410 : \10000

410-KDC4
510-DDC21   CIP2010001054

Zanimatel'naya Geometriya
Writer-Perelman Y. I.

Korean Translation Copywriter ⓒ 2010 by Sunest Publishing co.

이 도서의 국립중앙도서관 출판시도서목록(CIP)은 e-CIP 홈페이지(http://www.nl.go.kr/cip.php)에서
이용하실 수 있습니다.(CIP제어번호: CIP2010001054)

페렐만의 **살아있는 수학** 4

기 하 학

⊙ 야콥 페렐만 지음 ⊙ 김영란 옮김

씨네스트

과학자를 꿈꾸는 청소년들에게

최근 우리나라에 알려지기 시작한 〈발명문제 해결 이론〉이라는 것이 있습니다. 이것은 러시아의 알트슐러 라는 사람이 개발한 이론으로써 〈발명문제 해결이론〉이라는 말을 러시아 알파벳으로 줄여서 트리즈(TRIZ)라고 합니다.

이 트리즈 이론은 우리나라뿐만 아니라 세계의 대기업들이 신제품 개발 또는 기존의 기술 문제 해결을 하는데 적용을 하면서 많은 효과를 보고 있다고 합니다. 즉, 생산 현장이나 기술 현장에서의 문제들을 훨씬 더 빠른 시일에 해결하거나 불가능할 것 같은 문제점들을 풀어나가고 있다고 합니다. 그런데 재미있는 것은 이 트리즈 이론이라는 것이 수학적으로 따지면 확률과 패턴으로 만들어져 있다는 것입니다. 알트슐러는 특허를 정리하다가 특허가 가지고 있는 일반적인 특성을 연구하였고 그것을 패턴으로 나누었으며 확률적으로 어떤 것이 얼마나 더 많이 응용될까를 가지고 살펴본 뒤 트리즈라는 독창적인 이론을 만든 것입니다. 다시 말해서 그는 발명을 하는데 있어서 필요한 수학적인 지식을 정확하게 이해를 했으며 그 수학적인 지식을 이용해서 21세기에 가장 어렵다고 하는 과학과 기술의 문제를 푸는 열쇠를 제공한 것입니다.

만약 그에게 수학적인 이해력이 없었다면 그것이 가능했을까요?

이렇듯 수학은 모든 과학의 시작이며 기본입니다. 만약에 수학적인 지식이 없다면 과학은 있을 수도 없고 우리가 지금 편하게 쓰고 있는 모든 것들이 아마도 만들어지지 않았을 것입니다.

독자 여러분들도 잘 알겠지만 현재 과학문명을 가장 잘 표현해주는 모든 컴퓨터, 휴대폰 등을 하나씩 하나씩 나누어 들어가면 바로 수학이, 그것도 가장 간단한 수학이 나오게 됩니다.

게다가 기하학은 그 자체가 과학이라고 해도 과언이 아닐 것입니다. 연구소나 작업 현장에서 일하는 연구원이나 엔지니어가 기하학을 얼마나 잘 이해하고 있느냐에 따라서 문제를 해결하는 시간을 눈에 뜨이게 줄일 수 있기 때문입니다.

『페렐만의 살아있는 수학4-기하학』은 수학적인 지식을 단순한 이론으로 나타내준 책이 아니라 실생활에서 느끼고 볼 수 있는 것들을 어떻게 판단하고 측정할 수 있는지를 나타내주면서 청소년 여러분들에게 수학을 친숙하게 만들어주며 아울러 과학적인 창의력을 키울 수 있도록 도와주는 책입니다.

『페렐만의 살아있는 수학4-기하학』은 늘 수학자들과 과학자들이 만들어 놓은 결과물들을 가지고 생활하는 청소년들에게 그 결과물을 만들 수 있는 능력을 키워주는 책입니다. 진정한 과학도가 되고자 하는 청소년들에게 『페렐만의 살아있는 수학4-기하학』은 커다란 도움을 줄 것입니다.

| 강수석(공학박사, 전 국방과학연구소 책임연구원) |

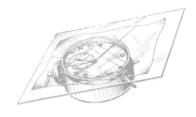

차 례

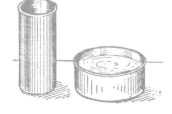

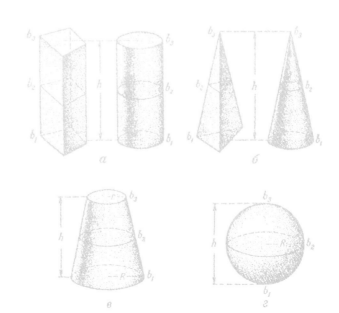

8장 | 기하학으로 푸는 경제학

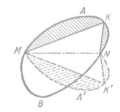

정사각형과 기하학

01

숲의 기하학

✤

자연은 수학의 언어로 이야기를 한다.
이 언어의 자모는 원, 삼각형 등 다양한 수학 형태이다.
– 갈릴레오 갈릴레이 –

숲에서 우리는 무엇을 할 수 있을까요?

때로 우리는 숲에서 "야, 이 나무 정말 높다. 높이가 얼마나 될까?" 하며 궁금해 하는 경우가 있습니다.

그러면 옆의 사람은 "음, 한 5미터쯤 될 거야." 하고 대답을 합니다. 과연 그럴까요?

알 수가 없죠. 왜냐하면 측정할 수 없으니까요.

하지만 이 책을 읽어본 사람은 이제 옆 사람이 뭐라고 하면 확인 해 볼 수 있게 됩니다.

간단하게 도구를 만들어서 나무 높이를 잴 수 있으니 말입니다.

마술이라는 것이 바로 이런 것이 아닐까요? 아무도 모르는, 알 수 없는 방법을 사용해서 다른 사람을 놀라게 하는 것 말입니다.

페렐만의 '살아있는 수학 시리즈'를 읽는 사람들은 모두가 훌륭한 마술사가 될 수 있을 것입니다.

1. 그림자 길이로 나무 높이 재기

거대한 소나무 옆에서 자그마한 휴대용 도구로 나무 높이를 재던 백발의 노인을 보았을 때 나는 깜짝 놀랐다. 그 기억은 아직도 생생하다. 그 노인이 가지고 있던 조그마한 네모 판으로 나무의 꼭대기를 겨누었을 때 나는 이제 노인이 줄자를 가지고 나무를 타고 꼭대기까지 올라갈 것이라고 생각했다. 하지만 노인은 도구를 바로 접어서 주머니에 다시 넣고는 작업이 끝났다고 했다. 나는 이제 시작도 하지 않았다고 생각을 했는데……. 그때 나는 그 노인이 응용한 수학을 이해하기에는 너무 어렸다. 그렇기 때문에 나무 위로 올라가지도 않고 나무를 베어서 넘어뜨리지도 않고 그렇게 나무 높이를 재는 것이 내게는 자그마한 기적처럼 느껴졌다. 나중에 기하학에 대해서 조금 공부를 했을 때에야 나는 그런 기적이 아주 간단한 원리에 의해서 그리고 아주 사소해 보이는 도구의 도움으로 만들어진다는 것을 알게 되었다.

이러한 방법 중 가장 간단하면서도 가장 오래된 방법은 기원전 6세기 경에 살았던 그리스의 현자 탈레스가 이집트의 피라미드 높이를 재었던 방법이다. 그는 그림자를 이용했다. 파라오와 신관들은 피라미드 아래 모여서 그림자를 이용해서 커다란 피라미드를 재고 있는 북에서 온 손님을 신기한 듯 바라보았다. 전설에 의하면 탈레스는 자신의 키와 자신의 그림 자의 길이가 같아지는 시각을 골랐다고 한다. 왜냐하면 이 순간에 마찬가 지로 피라미드의 그림자의 길이와 피라미드의 높이가 같게 되기 때문이 다. 아마 이것은 인간이 자신의 그림자를 유용하게 사용한 그 첫 번째 예가 될 것이다.

그리스 현인이 사용한 방법은 현대의 어린아이도 간단하게 응용할 수있는 것이다. 하지만 이렇게 간단하게 응용하는 것은 탈레스 이후에 기하학의 발전이 거듭되었기 때문에 가능하게 되었다는 것을 잊지 말자.

탈레스는 유클리드보다 더 오래 전에 살았던 인물이다. 유클리드는 그가 죽은 후 2,000년이 넘도록 읽혀지고 있는 기하학 책을 썼다. 책 속에 있는 이론들을 지금은 누구나 알고 있지만 탈레스가 살던 시대에는 그렇지 못했다. 피라미드의 높이를 그림자의 길이로 재기 위해서는 삼각형의 기하학적 특성을 알고 있어야만 했다. 그것은 바로 다음과 같다.^{둘 중에서 첫 번째}

것은 탈레스가 밝혀낸 것이다.

  1) 이등변삼각형의 밑각은 서로 같다. 다시 말해서 밑각이 서로 같은 삼 각형은 이등변삼각형이다.
  2) 모든 삼각형의 내각의 합은 직각의 두 배(즉 $180°$)이다.
  위와 같은 사실을 알고 있는 상태에서 탈레스는 자신의 그림자 길이와 키가 같아질 때에 태양빛이 평평한 지면에 직각의 반(즉 45°)으로 비치므로 피라미드의 정점과 밑변의 중심과 그림자의 끝을 연결한 삼각형이 이등변삼각형이 된다는 결론을 낼 수 있었다.

이러한 간단한 방법은 맑은 날씨에 홀로 서있는(왜냐하면 그림자가 다른 물체에 겹치지 않아야 하기 때문에) 나무의 그림자를 가지고 나무의 높이를 재는 데 매우 유용할 것 같다. 하지만 위도가 높은 곳에 사는 사람들에게 이집트와 같이 필요한 순간을 포착하기는 쉽지 않다. 왜냐하면 대부분의 경우 태양이 낮게 떠있고 필요한 높이 이상으로 태양이 뜨는 경우는 여름 동안 아주 짧은 시간만 그렇게 되기 때문이다. 그러므로 탈레스에 의한 방법이 모든 곳에서 유용하게 사용되지는 않는 것이다.

하지만 이 방법을 맑은 날의 그림자(그 길이가 어떻든 상관없이)를 이용해서 모두 사용할 수 있는 방법으로 만드는 것은 그렇게 어려운 것이 아니

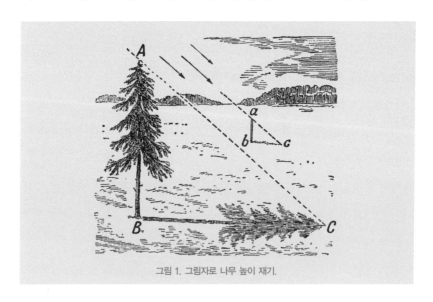

그림 1. 그림자로 나무 높이 재기.

다. 게다가 자신이 그림자 또는 어떤 막대기의 그림자를 잰 후 이것을 가지고 비율로 높이를 재는 쉬운 방법이 있다(그림1).

$$\overline{AB}:\overline{ab}=\overline{BC}:\overline{bc}$$

즉, 나무의 높이는 당신의 키(또는 막대기)에 대한 당신의 그림자(또는 막대기의 그림자)의 길이와 같은 비율로 나오게 된다. 물론 이것은 삼각형 ABC와 삼각형 abc가 (두 각이 서로 같은) 닮은꼴 삼각형이기 때문에 가능하다.

독자 여러분 중에는 이렇게 기하학적인 접근을 하지 않고도 얼마든지 나무의 높이가 그림자의 몇 배가 되는지 알 수 있을 것이라고 이의를 제기하는 사람도 있을 것이다. 하지만 생각하는 것만큼 문제가 간단하지는 않다. 예를 들어서 백열전구나 가로등 불빛으로 생기는 그림자를 가지고 한번 알아보자. 그림 2에서 보는 것과 마찬가지로 말뚝 $\overline{AB}$는 작은 말뚝 $\overline{ab}$보다도 약 두 배 정도 길다. 하지만 말뚝 $\overline{AB}$의 그림자의 크기는 작은

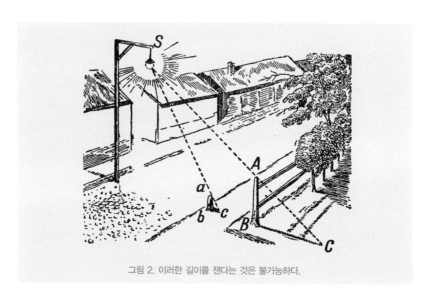

그림 2. 이러한 길이를 잰다는 것은 불가능하다.

말뚝 $\overline{ab}$ 의 그림자 크기보다 여덟 배 정도 길다. 이런 경우 기하학을 사용하지 않고 다른 방법을 찾는다는 것은 불가능한 일이다.

무엇이 틀린 것인지 한번 자세히 살펴보도록 하자. 이 문제의 핵심 열쇠는 태양 빛은 평행하게 진행되지만 가로등 불빛은 평행하게 진행되지 않는다는 것이다. 가로등 불빛이 평행하지 않다는 것은 당연한 것이다. 하지만 왜 우리는 태양 빛을 평행하다고 말할 수 있을까?

풀이.

지구로 떨어지는 태양 빛을 우리는 평행하다고 말할 수 있다 왜냐하면 태양과 지구 사이의 각도는 우리가 상상할 수 없을 정도로 매우 작기 때문이다. 간단한 기하학적인 계산으로 이것을 쉽게 알 수 있다. 태양의 임의의한 점에서 출발해서 지구 위의 두 점으로 떨어지는 빛을 한번 생각해보자. 이때 둘 사이의 거리를 1km라고 가정하자. 즉 컴퍼스의 한쪽 다리를 태양 위의 점에 두고 다른 쪽 다리는 태양과 지구 사이의 거리(150,000,000km)를 반지름으로 하는 원을 그리면 두 점 사이의 거리가 1km인 호가 생긴다. 즉 이런 식으로 만든 거대한 원주의 길이 $2\pi r$은 2π X 150,000,000km ≒ 940,000,000km이다. 이때 1°에 해당하는 길이는 전체 길이를 360으로 나눈 길이, 즉 940,000,000 ÷ 360 ≒ 2,600,000km이다. 1′ 는 $\frac{1}{60}$°이므로 43,000km이고, 1″는 $\frac{1}{60}$이므로 720km이다. 하지만 우리가 위에서 이야기한 원호의 길이는 1km이므로 이것은 $\frac{1}{720}$″의 각도를 가지고 있다. 이러한 각도는 가장 정밀하다는 천문학에서 쓰이는 도구로도 잴 수 없다. 그러므로 실재에서 우리는 태양 광선이 지구로 평행하게 내려온다고 이야기할 수 있다. 한편 태양 위의 한 점에서 지구 지름의 양 끝을 향하는 두 광선의 경우는 다르다. 이 두 광선의 각도는 만약 우리가 이러한 기하학적인 개념을 알지 못했다면 그림자의 길이를 통해서 나무 높이를 재는 것이 불가능했을 것이다.

실제로 그림자의 길이를 재려고 했을 때 여러분들은 그림자의 크기를 잰다는 것이 그렇게 간단하지 않다는 것을 알게 될 것이다. 왜냐하면 그림자가 아주 정확한 윤곽을 가지고 있지 않기 때문이다. 태양 광선에 의해서 생기는 모든 물체의 그림자에는 반영(半影) penumbra이라고 불리는 명확하지 않은 흐릿한 그림자가 있기 때문이다. 이것은 태양이 점이 아니라 빛을 내는 몸통을 가지고 있어서 수많은 곳에서부터 빛을 내기 때문이다. 그림 3을 보면 그림자 $\overline{BC}$ 에 덧붙여서 점점 없어지는 반영 $\overline{CD}$ 가 생기는 것이 보인다. 반영의 양끝과 이어지는 각 CAD는 우리가 태양이라는 원을 보는 각도, 즉

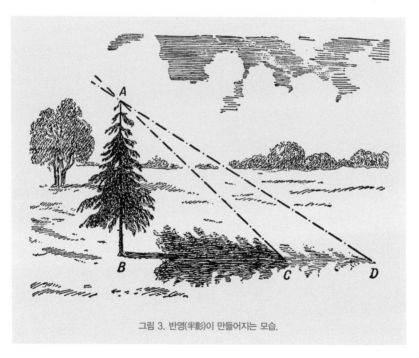

그림 3. 반영(半影)이 만들어지는 모습.

0.5도이다. 문제는 두 그림자, 즉 본영(本影)과 반영(半影) 모두 정확하게 잴 수가 없다는 것이다. 최소한 5% 이상의 오차가 발생할 수 있다. 그리고 이러한 오차는 다른 오차와 함께(예를 들어서 평평하지 않은 지면 등) 더해지면 그 오차를 더욱 크게 만든다. 그러므로 실제로 이렇게 잰 길이는 믿을 수 없게 된다. 특히 산악지대의 경우에는 이 방법을 사용할 수 없다.

2. 간단한 도구를 이용하여 나무 높이 재기

그림자의 도움 없이도 나무 높이를 잴 수 있다. 그러한 방법은 많다. 그 중의 두 가지 방법을 한번 알아보자.

무엇보다도 먼저 우리는 직각이등변 삼각형을 이용할 수 있다. 이것은

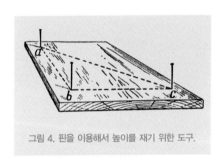

그림 4. 핀을 이용해서 높이를 재기 위한 도구.

나무 판 위 세 곳에 핀을 고정해서 쉽게 만들 수 있다. 나무 조각을 하나 구해서(그 모양이 어떻든 상관이 없다. 다만 평평한 면만 가지고 있으면 된다) 직각이등변 삼각형의 세 꼭지점을 표시한다. 그리고 그 점에 핀을 꽂는다(그림 4).

하지만 당신은 지금 직각을 만들 어떠한 도구(방안지 또는 컴퍼스)도 가지고 있지 않다고 하자. 그럴 경우라도 당황할 필요는 전혀 없다. 아무 종이나 한 장 들고 한 번 접는다. 그리고 그 접은 선이 꼭 겹치도록 한번 더 접는다. 이렇게 되면 직각이 나온다. 그리고 이 종이는 핀 사이의 거리를 같

게 만드는 데에도 유용하게 사용될 수 있다.

이렇듯 도구를 간편하게 만들 수 있다.

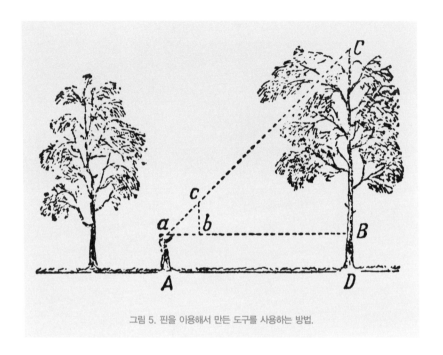

그림 5. 핀을 이용해서 만든 도구를 사용하는 방법.

이것을 사용하는 방법은 만드는 방법보다도 간단하다. 높이를 재고자 하는 나무에서 떨어지면서 삼각형의 한 변이 수직이 되도록 만든다(이때 핀에 실을 연결하고 추를 매달아 놓으면 쉽다). 앞으로 다가가거나 뒤로 물러서면서 눈으로 꼭지점 a에서 c를 바라봤을 때 그 연장선 위에 나무의 꼭대기 C가 오게 되면 멈추어 선다. 이렇게 되면 거리 $\overline{aB}$와 $\overline{CB}$가 같다는 것을 알 수 있다(왜냐하면 각 a＝45도 이므로).

그러므로 거리 $\overline{aB}$(또는 평지일 때 $\overline{AD}$의 거리, $\overline{aB}=\overline{AD}$이므로)를 잰 뒤

거기에 눈높이 $\overline{aA}$ 를 더하면 나무 높이가 나온다.

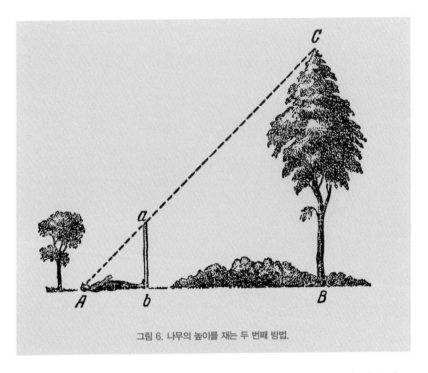

그림 6. 나무의 높이를 재는 두 번째 방법.

또 다른 방법은 이러한 핀을 이용한 도구가 없어도 된다. 이 경우에는 막대기 하나만 있으면 된다. 이 막대기를 땅에 수직으로 꽂아 넣는다. 이때 이 막대기의 높이는 당신의 키와 같아야 한다. 그리고 그림 6과 같이 당신이 드러누워서 막대기 끝과 나무 꼭대기를 똑바로 올려다 볼 수 있는 평평한 곳에 막대기를 세워야 한다. 이때 삼각형 ABC는 직각이등변 삼각형 이므로 각 A=45도 이다. 그러므로 $\overline{AB}$ 와 $\overline{BC}$ 의 길이가 같다. 그리고 이 $\overline{AB}$ 의 길이가 나무의 높이가 된다.

3. 절벽의 높이 재기

다음의 쥘 베른의 유명한 소설 『신비의 섬』에 나오는 높이 재는 방법도 그리 복잡하지 않은 것이다.

"오늘 우리는 멀리 바라볼 수 있는 절벽의 높이를 재어야 해."

엔지니어가 말했다.

"무슨 도구가 필요한가요?"

하버트가 물었다.

"아니. 필요 없어. 아주 간단하면서도 정확하게 높이를 잴 수 있는 방법으로 높이를 잴 거야."

하버트는 뭔가 획기적인 것을 배우겠구나 생각하면서 엔지니어를 쫓아갔다. 엔지니어는 해변 끝까지 걸어갔다. 12피트(1피트＝30.48cm)짜리의 막대기를 들더니 엔지니어는 자신의 키와 거의 똑 같은 길이로 만들었다. 하버트는 엔지니어가 시키는 대로 끝에 평범한 돌이 묶여 있는 끈을 가지고 왔다.

절벽에서부터 약 500피트 떨어진 곳에서 멈추어 서서 엔지니어는 약 2피트 정도 들어가게 막대기를 꽂았다. 그리고 추의 도움으로 땅과 수직이 되게 막대기를 고정시켰다.

그리고 나서 그는 일직선상으로 막대기의 끝과 절벽의 끝을 동시에 볼 수 있도록 누웠다(그림 7). 그리고 그는 이 점을 아주 조심스럽게 텐트용 핀으로 표시를 했다.

"자네 혹시 기하학에 대해 조금 아나?"

그가 땅에서 일어서면서 하버트에게 물었다.

"예."

"그렇다면 닮은꼴 삼각형의 특성을 기억하나?"

"닮은 부분은 서로 비례한다는 거죠."

"맞았어. 자, 내가 지금 두 개의 닮은꼴 직각삼각형을 만들 거야. 작은 삼각형의 한 변은 막대기이고 다른 한 변은 막대기에서 추까지의 길이지. 그리고 빗변은 내 시선이야. 다른 삼각형의 한 변은 우리가 재고자 하는 절벽의 높이란 말이야. 그리고 또 다른 변은 절벽에서부터 텐트용 핀까지

그림 7. 쥘 베른의 소설의 주인공은 이렇게 절벽의 높이를 쟀다.

야. 그리고 빗변은 처음의 삼각형을 만들 때와 마찬가지의 내 시선이지.”

“아, 알겠어요! 텐트용 핀에서부터 막대기까지의 거리와 텐트용 핀에서부터 절벽까지의 거리의 비가 막대기의 높이와 절벽의 높이의 비와 같다는 말이죠!”

하버트가 기뻐하며 말했다.

“맞았어. 그러므로 우리가 지금 두 길이를 알고 있고 막대기의 길이를 알고 있다면 절벽의 높이는 당연히 알게 되는 거지. 우리는 이런 식으로 잴 수 없을 것 같은 절벽의 높이를 알 수 있어.”

수평의 두 거리를 재었다. 작은 것은 15피트였고, 큰 것은 500피트였다. 그리고 거리를 다 잰 후에 엔지니어는 다음과 같이 식을 썼다.

$15 : 500 = 10 : x$

$15x = 5,000$

$x = \dfrac{5,000}{15} = 333.3$

즉 절벽의 높이는 약 333피트였다.

4. 어느 군인이 생각한 방법

앞에서 말한 방법은 땅 위에 누워야만 하는 불편함을 준다. 어느 곳은 땅에 누울 수 없는 경우도 있기 때문에 이러한 경우는 어떻게 해야 할까?

2차 세계 대전 때의 일이다. 러시아군 소대장 이바뉴크에게 계곡을 가로지르는 다리를 건설하라는 명령이 떨어졌다. 계곡의 건너편에는 독일

군들이 이미 들어와 있었다. 소대장은 포포프 분대장을 책임으로 하는 정찰대를 조직했다. 그리고 그들에게 다리를 건설하는데 쓰일 수 있는 나무의 유형과 나무의 수 그리고 나무의 지름 등에 대한 정보를 수집해오라고 했다.

나무 높이는 그림 8과 같은 방법으로 막대기를 이용해서 재었다.

이 방법은 다음과 같이 설명될 수 있다.

자신의 키보다 더 큰 막대기를 골라서 재고자 하는 나무에서 어느 정도 떨어진 지점에 그것을 수직으로 땅에 꽂는다(그림 8). 막대기의 끝과 나무의 꼭대기가 일직선에 보일 수 있는 지점까지 물러선다. 그리고 머리를 고정시킨 채로 수평으로 똑바로 aC를 바라본다. 그리고 나서 막대기와 나무에 시선이 머무는 점 c와 C를 표시한다. 그리고 옆의 사람에게 이 지점을 표시하라고 하면 조사는 끝난다. 남은 것은 닮은꼴 삼각형의 특성에 따라서 삼각형 abc와 삼각형 ABC를 가지고 $\overline{BC}$의 길이를 알아보는 것이다.

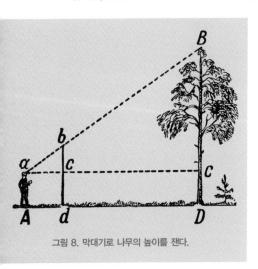

그림 8. 막대기로 나무의 높이를 잰다.

즉, $\overline{BC} : \overline{bc} = \overline{aC} : \overline{ac}$ 이므로

$$\overline{BC} = \overline{bc} \cdot \frac{\overline{aC}}{\overline{ac}}$$

$\overline{bc}$, $\overline{aC}$ 그리고 $\overline{ac}$의 길이는 바로 잴 수 있다. 이렇게 나온 $\overline{BC}$에 길이 $\overline{CD}$(마찬가지로 쉽게 잴 수 있다)를 더해주면 우리가 구하고자 하는 나무의 높이가 나온다.

나무의 수를 세기 위해서 분대장은 병사들에게 숲의 면적을 재게 했다.

그리고 그는 $50 \times 50 m^2$의 면적에 있는 나무의 수를 셌다. 그리고 그것을 숲의 면적에 비례하여 곱해주었다.

이렇게 정찰대가 모아온 자료들을 통해서 소대는 어디에 어떤 다리를 놓을 수 있는지 결정을 했다. 다리를 제시간에 세울 수 있었고 작전은 성공적으로 끝났다.

5. 수첩을 이용하여 나무 높이 재기

수첩과 연필을 도구로 사용해서 나무 높이를 대략적으로 잴 수 있다. 이들 도구는 마찬가지로 여러분에게 두 개의 닮은꼴 삼각형을 만들 수 있게 해준다. 우선 수첩을 눈앞에 맞추어 놓는다(그림 9는 이것을 간단하게 표시한 것이다).

이때 수첩은 지면과 평행하게 만들어야 하며 연필을 수첩에 꽂은 채 연필의 끝이 나무의 끝과 일직선 상에 놓일 수 있도록 위 아래로 움직여서 만든다. 그렇게 되면 닮은꼴 삼각형 abc와 aBC가 나오게 되고 높이 $\overline{BC}$는 다음과 같이 나온다.

$\overline{BC} : \overline{bc} = \overline{aC} : \overline{ac}$

$\overline{bc}$, $\overline{ac}$, $\overline{aC}$의 길이는 직접 잴 수

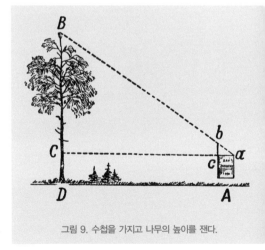

그림 9. 수첩을 가지고 나무의 높이를 잰다.

있다. 이렇게 나온 $\overline{BC}$에 길이 $\overline{CD}$(땅에서 눈까지의 높이)를 더해주면 우리가 구하고자 하는 나무의 높이가 나온다.

수첩의 측면 길이는 일정하므로 만약 당신이 나무로부터 항상 일정한 거리(예를 들어서 10m)에 선다면 나무의 높이는 연필을 위 아래로 움직여 주어서 측량을 할 수 있다. 그러므로 미리 계산된 값을 볼펜에 표시를 하게 되면 일일이 계산하지 않더라도 수첩과 연필을 이용해서 언제든지 나무의 높이를 쉽게 구할 수 있다.

6. 나무 가까이 가지 않고 나무 높이 재기

높이를 재야하는 나무 가까이에 가지 못하는 경우가 있다. 이런 경우에는 어떻게 나무 높이를 잴 수 있을까?

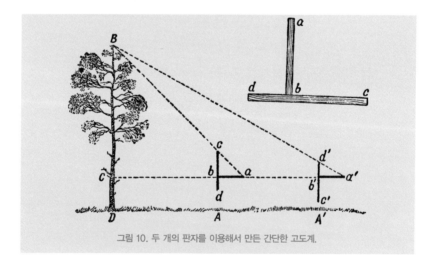

그림 10. 두 개의 판자를 이용해서 만든 간단한 고도계.

앞의 것들과 마찬가지로 만들기 쉬운 도구를 이용하면 된다. 두 장의 판자의 $\overline{ab}$와 $\overline{cd}$(그림 10이 윗부분)를 직각이 되도록 고정시킨다. 이때 $\overline{ab}$와 $\overline{bc}$의 길이가 같고 $\overline{bd}$의 길이는 $\overline{bc}$의 길이의 반이 되도록 한다. 이렇게 하면 도구는 모두 준비되었다. 높이를 재기 위해서 이 도구를 손에 잡고 $\overline{cd}$ 판자를 수평으로 든다(수평을 맞추기 위해서는 실에 추를 달아 놓으면 된다). 그리고 두 지점에 선다. 우선 a와 c를 이은 연장선 위에 나무꼭대기 B가 오도록 지점 A를 고른다. 그리고 이제 도구를 90도 돌려서 d가 위로 가게 만든 다음 a와 d를 이은 연장선 위에 나무꼭대기 B가 오도록 하는 점 A'를 고른다.

이렇게 되면 나무의 높이의 측정은 끝났다고 말할 수 있다. 왜냐하면 $\overline{BC}$의 길이가 $\overline{AA'}$의 길이와 같기 때문이다. 왜냐하면 $\overline{aC} = \overline{BC}$이고 $\overline{a'C} = 2\overline{BC}$이기 때문에 $\overline{a'C} - \overline{aC} = \overline{BC}$가 되기 때문이다.

보는 바와 같이 이처럼 간단한 도구를 이용하여 우리는 나무 가까이 가지 않아도 나무 높이를 잴 수가 있다. 물론 나무 가까이 다가갈 수 있다면 두 지점 A나 A' 중 하나만 알아도 나무의 높이를 잴 수 있다.

두 장의 판자 대신에 4개의 핀을 한 장의 나무판자에 위와 같은 방법으로 설치를 하면 훨씬 더 쉽게 도구를 만들 수 있다.

7. 거울을 이용하여 나무 높이 재기

거울을 사용해서 나무 높이를 재는 독특한 방법도 있다. 측정하려는 나무에서 조금 떨어진 거리의(그림 11) 평평한 땅 위에 있는 점 C에 거울을 수평으로 놓고, 거울 속에 나무 꼭대기 A가 보이는 위치 D까지 물러난다.

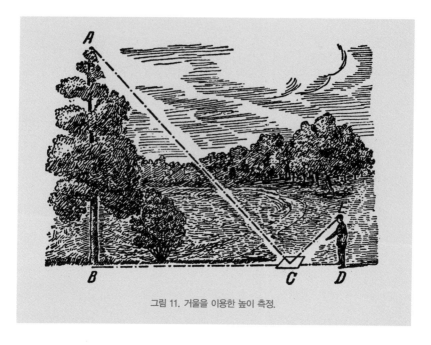

그림 11. 거울을 이용한 높이 측정.

그럴 경우 나무 높이($\overline{AB}$)와 관찰자의 키($\overline{ED}$)의 비는 나무에서 거울까지의 거리 거리($\overline{BC}$)와 거울에서 관찰자까지의 거리($\overline{CD}$)의 비와 같게 된다. 왜 그럴까?

풀 이

이 방법은 빛의 반사법칙에 기초하고 있다. 나무꼭대기 A(그림 12)는 점 A′ 속에 반사되는데, 이에 따라 $\overline{AB} = \overline{A'B}$가 된다. 삼각형 BCA′와 삼각형 CED는 서로 닮은꼴이므로, $\overline{A'B} : \overline{ED} = \overline{BC} : \overline{CD}$ 이다.

그리고 여기에서 $\overline{A'B}$를 $\overline{AB}$로 바꾸기만 하면 된다.

이렇게 편리하고 간단한 방법은 어떤 날씨이든 사용할 수 있지만, 나무들이 너무 빽빽이 있는 곳에서 이 방법의 사용은 불가능하다. 나무가 듬성하게 서 있는 경우에만 가능하다.

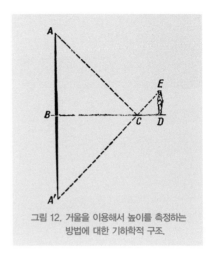

그림 12. 거울을 이용해서 높이를 측정하는 방법에 대한 기하학적 구조.

어떤 이유로 인해서 측정하고자 하는 나무에 가까이 갈 수 없을 때에는 어떻게 해야 할까?

풀 이

이것은 500년도 더 된 오래된 문제이다. 이 문제는 중세 수학자 크레모나 안토니우스의 『실용측량술』(1400년)에 나와 있다.

이 문제는 위에서 살펴본 방법을 두 번 반복함으로써 해결이 된다. 즉, 나무에서 일직선 상의 두 점에 거울을 두고, 각각의 경우에 있어서의 그림을 그려본다. 삼각형의 닮은꼴로부터 거울의 두 위치 사이의 거리를 각각의 거울에서 사람의 위치까지의 거리 중 긴 것에서 짧은 것을 뺀 나머지로 나눈 뒤 사람의 눈 높이를 곱하게 되면 나무 높이가 된다.

나무 높이 측정에 대한 이야기를 마치기 전에 '숲과 관련된' 문제를 하나만 더 살펴보기로 하자.

8. 소나무 두 그루

40m 간격으로 소나무 두 그루가 서있다. 나무들의 높이를 재봤더니, 한 그루는 31m였고, 그보다 어린 다른 소나무는 겨우 6m에 불과했다.

이 소나무 두 그루의 꼭대기에서 꼭대기까지의 직선 거리가 얼마인지 구할 수 있을까?

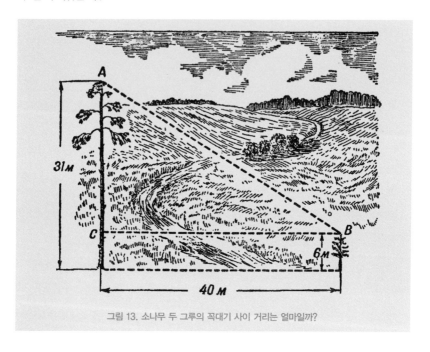

그림 13. 소나무 두 그루의 꼭대기 사이 거리는 얼마일까?

풀 이

나무들의 꼭대기에서 꼭대기까지의 직선 거리는(그림 13) 피타고라스 정리에 따르면 다음과 같다.

$$\sqrt{40^2+25^2}=47m$$

9. 잎사귀의 기하학

실버 포플러 나무의 그늘 밑동에는 어린 나무가 자라고 있다. 그 잎을 딴 다음, 엄마 나무의 잎, 그 중에서도 태양빛을 잘 받고 자란 엄마 나무의 잎과 한번 비교해보자. 그늘에서 자란 잎사귀는 태양빛을 받는 면적이 부족하기 때문에 이를 보충하기 위해 잎의 면적이 크다. 그 이유 등에 대해서는 식물학자들이 설명해줄 것이다. 여기에서 기하학자는 할 일이 따로 있다. 즉, 어린 나무의 잎사귀의 면적이 엄마 잎사귀보다 몇 배나 더 큰 지를 알아내는 것이다.

어떻게 이 문제를 풀어야 할까?

풀 이

이 문제를 푸는 방법에는 두 가지 방법이 있다. 첫 번째는, 각각의 잎의 면적을 따로 측정해서 그 비율을 구하는 것이다. 투명한 모눈종이, 가령 한 개의 눈금이 $4mm^2$인 모눈종이를 잎사귀 위에 겹치는 방법으로 잎의 면적을 측정할 수 있다. 이 방법은 상당히 정확하긴 하지만 지나치게 번거롭다. 하지만 이 방법은 중요한 장점이 있는데, 서로 다른 형태를 지닌 잎사귀들의 면적을 측정할 수 있다는 점이다. 뒤에 오는 두 번째 방법으로는 할 수 없는 일이다.

그리고 이보다 좀 더 간편한 방법이 있는데, 단지 두 잎이 크기만 다르고 형태가 같거나 거의 비슷한 경우, 다시 말해서 기하학적으로 형태가 유사할 경우에만 사용할 수 있는 방법이다. 이는 바로 닮은꼴을 이용하는 방법인데, 두 잎이 닮은꼴일 경우 그 면적은 길이 또는 폭의 제곱에 비례한다. 즉, 잎사귀 하나의 길이가 다른 잎사귀 길이의 n배라면 면적은 n^2배가 되는 것이다. 예를 들어 어린 나무의 잎사귀 길이가 15cm이고, 엄마 나뭇가지에서 따낸 잎사귀가 4cm에 불과하다면, 길이의 비는 15 : 4이고, 면적의 비는 $15^2 : 4^2$, 그러니까 한쪽이 다른 쪽의 약 14배가 된다. 여기에서 완벽한 정확성은 불가능하기 때문에 정수로 표시를 하게 되면, 어린 나뭇잎이 엄마 나뭇잎에 비해 면적상 14배가 더 크다고 말할 수 있다.

예를 하나 더 들어보자.

그늘에서 자라는 민들레 잎(첫 번째 잎이라고 하자)은 길이가 31cm이다. 양지에서 자라는 다른 잎(두 번째 잎)의 길이는 3.3cm에 불과하다. 그렇다면 첫 번째 잎의 면적은 두 번째 잎의 면적보다 몇 배나 더 클까?

풀 이

좀 전에 했던 것과 똑같이 해보면, 면적의 비는 다음과 같다.

$$\frac{31^2}{3.3^2} = \frac{961}{10.89} \fallingdotseq 88$$

즉, 첫 번째 잎사귀는 두 번째 잎사귀보다 그 면적이 약 90배 정도 더 크다. 숲 속에는 형태는 같지만 크기는 다른 잎들이 많이 있는데, 이런 것들은 유사한 형태들의 면적의 비를 구하는 기하학 문제의 훌륭한 재료가 된다. 이때 사람들은 잎사귀들이 길이나 폭에 있어서 상대적으로 그 차이가 크지 않음에도 불구하고 그 면적에 있어서 눈에 띄는 차이를 나타내는 것을 보고 의아하게 생각하곤 한다. 예를 들어 잎사귀 두 개가 형태상 기하학적으로 유사하며 하나가 다른 것보다 20% 정도 더 길다고 하면, 그것들의 면적의 비는 다음과 같다.

$1.2^2 ≒ 1.4$

다시 말해서 차이는 40%가 된다. 그리고 폭에 있어서 40% 차이가 있다면 잎사귀 하나는 다른 것보다 면적에 있어서

$1.4^2 ≒ 2$

즉, 거의 두 배 정도 더 커진다는 것을 알 수 있다.

그림 14와 15에 그려진 잎사귀들 중 제일 큰 것과 제일 작은 것의 면적의 비를 구해 보아라.

자로 직접 재고 계산해 보도록 하자.

그림 14
이 잎사귀들의 면적의 비를 구하라.

그림 15
이 잎사귀들의 면적의 비를 구하라.

개미는 정말 천하장사일까?

개미는 정말 놀라운 곤충이다! 너무나도 작은 몸으로 무거운 짐을 턱에 받치고 줄기를 따라 재빠르게 올라가는(그림 16) 개미를 보면서 사람들은 스스로에게 질문을 던진다. 어떻게 개미는 자기 체중보다 열 배나 무거운 것을 저렇게 별 힘도 들이지 않고 끌고 가는 것일까? 예를 들어 사람은 어깨에 피아노를 들고 사다리를 오르는 것이 불가능하지만(그림 16), 그에 비해 개미는 같은 상황에서 너끈히 짊어지고 갈 수 있다. 그렇다면 개미가 사람보다 상대적으로 힘이 더 세다는 말이 된다!

정말 그런 걸까?

그림 16. 여섯 개 다리의 힘센 장사.

이 의문은 기하학을 이용하지 않고서는 도저히 설명될 수 없는 것이다. 전문가(A.F.브란트 교수)의 말을 들어보자. 그는 무엇보다도 근육의 힘, 그리고 곤충과 사람의 힘의 상관관계라는 문제에 대해 이야기한다.

근육의 수축은 탄력에 의한 것이 아

니라 신경흥분에 의해 생긴다. 생리학에서는 신경, 혹은 근육에 직접 전류를 통해 수축이 일어나게 하는 실험을 하는데, 그 방법은 간단하다.

실험은 이제 막 죽은 개구리에서 잘라낸 근육을 가지고 진행된다. 왜냐하면 냉혈 동물의 근육은 일반 온도에서도 상당히 오랫동안 살아있을 때의 성질을 유지하기 때문이다. 실험 형식은 아주 간단하다. 개구리의 뒷다리를 펴주는 주된 근육인 장딴지 근육을 대퇴골의 일부와 힘줄과 함께 잘라낸다. 이 근육은 크기나 형태 등에 있어서 표본으로 삼기에 가장 적당하다. 뼈 토막으로 근육을 받침대에 매달고, 힘줄에 작은 고리를 달아 이 고리에 저울추를 늘어뜨린다. 전류가 흐르는 철사를 근육에 대면 근육은 즉시 수축하면서 저울추를 들어올린다. 자, 이제 고리에 저울추를 조금씩 늘려 가면, 근육이 들어올리는 힘의 최대치를 잴 수 있다. 그런 다음 그 같은 근육을 두 개, 세 개, 네 개씩 세로로 길게 연결하여 그곳에 전류를 통하게 한다. 그러나 근육이 들어올리는 힘은 이전보다 커지지 않는다. 다시 말해 고리에 저울추를 늘릴 수 없다. 하지만 저울추를 들어올리는 높이는 하나하나의 근육이 수축한 높이의 합계만큼 올라간다. 그 다음에 그 같은 근육을 두 개, 세 개, 네 개씩 다발로 묶어 전류를 통하게 해 보자. 그러면 이번에는 근육의 개수에 비례하여 힘이 커진다. 즉, 고리에 저울추를 근육의 개수에 비례하여 늘릴 수 있다. 그렇게 해서 우리는, 근육이 들어올리는 힘은 근육의 길이나 전체의 체적이 아니라, 그 굵기, 즉 단면적에 달려있다는 사실을 알 수 있다.

그렇다면 크기는 다르고 구조가 동일하며 기하학적으로 유사한 동물들을 한번 비교해보자. 두 개의 동물이 있는데, 큰 쪽 동물의 몸길이가 다른 쪽의 2배라고 가정하자.

　이 경우 큰 동물의 전체 몸의 체적과 무게 또는 각 기관의 체적과 무게는 작은 쪽의 8배가 된다. 하지만 근육의 단면적을 포함해서 각각의 면적은 4배밖에 되지 않는다. 동물의 몸길이가 2배가 되면 체중은 8배가 되지만, 근육의 힘은 4배밖에 되지 않는다. 다시 말해서 동물의 힘은 체중의 $\frac{1}{2}$로 줄어드는 것이다. 같은 이유에 따라 몸길이가 3배가 되면 단면적은 9배, 체중은 27배가 되므로 힘은 체중의 $\frac{1}{3}$로 줄어든다. 또 길이가 4배가 되면 힘의 강도는 $\frac{1}{4}$로 줄어든다. 개미나 말똥구리 등의 곤충이 자기 체중의 30배, 40배나 되는 짐을 운반할 수 있는 것에 비해, 보통의 인간은 체중의 $\frac{9}{10}$, 그리고 말은 그보다 더 적어서 체중의 $\frac{7}{10}$의 짐밖에 운반할 수 없는 이유는 체적, 즉 체중과 근육의 힘이 증가하는 비율이 다르기 때문이다.

02

강변의 기하학

우리는 앞 장에서 아무런 도구 없이 또는 간단한 도구를 가지고 나무 높이를 재는 방법을 알아봤습니다. 그리고 마술 같은 그러한 일들이 전혀 마술이 아님을 알 수 있었습니다. 이번 장에서는 거리를 재는 방법에 대해 알아보도록 할 것입니다.

우리는 자주 저기까지 얼마나 될까 하고 생각을 합니다. 물론 요즘같이 인터넷으로 지도를 찾아서 금방 거리를 계산할 수도 있을 것입니다. 하지만 늘 그런 것은 아닙니다. 예를 들어서 한강변을 산책하다가 갑자기 뿜어져 나오는 수중 분수를 바라보면서 '저 분수의 높이는 얼마나 될까 그리고 여기서 분수까지의 거리는 얼마나 될까?' 하고 궁금하게 생각할 수 있습니다. 그럴 경우에 인터넷을 검색하는 것보다도 훨씬 쉽게 우리는 그 분수의 높이와 거리를 알 수 있습니다. 앞 장에서는 분수의 높이를 재는 법을 알아 봤으니 이번에는 분수까지의 거리를 재는 방법을 알아보도록 합시다.

만약 여러분이 쉽게 '저 거리는 얼마야.' 라고 이야기를 한다면 여러분 주위의 사람들은 모두 여러분을 천재나 마술사처럼 생각할 것입니다. 사실 알고 보면 아주 간단한 방법이지만 말입니다.

1. 강폭의 측정

기하학을 아는 사람에게 있어서 강을 헤엄쳐 건너지 않고 그 폭을 측정하는 일은, 나무에 오르지 않고서도 그 높이를 알 수 있는 것만큼 쉬운 일이다. 접근하기 어려운 높이를 측정할 때 우리가 사용했던 방법으로 역시 접근이 어려운 거리도 측정할 수 있다. 두 가지 경우 모두 구하는 길이 대신에 직접 잴 수 있는 다른 길이를 구해서 해결하게 된다.

이 문제를 풀기 위한 여러 가지 방법 중에 가장 간단한 방법 몇 가지만 살펴보기로 하자.

1) 첫 번째 방법은 한 예각이 45°인 직각 이등변 삼각형의 꼭지점에 핀을 꽂아 만든 앞 장에서 나온 '도구'를 사용하는 것이다(그림 1). 점 B 가 있는 강가에 서서 맞은 편 강가로 헤엄쳐 건너지 않고 강폭 $\overline{AB}$ 를 알아내야 한다(그림 2). 점 C 근처에 선 채로 도구를 눈 가까이 대는데, 한쪽 눈으로 2개의 핀을 가로질러 그 선상에 점 A와 점B가 오

도록 한다. 이렇게 될 경우 당신은 $\overline{AB}$의 연장선상에 있게 될 것이다. 자, 이제는 도구판을 움직이지 말고, $\overline{AB}$를 가로지른 두 개의 핀과 직각을 이룬 두 개의 핀을 연장하여 그 선상에 있는 점 D, 즉 $\overline{AC}$와 직각을 이룬 직선상의 점 D를 표시한다. 그런 다음 점 C에 막대기를 꽂아놓고, 그 자리를 떠나서 도구를 가진 채 직선 $\overline{CD}$ 위를 걸어가 핀 c와 b의 연장선에 C의 막대가 눈에 보이고, 핀 c와 a의 연장선 위에 A가 보이는 점 E를 찾는다(그림 3).

그림 1. 핀을 이용해 만든 도구를 이용하여 강폭을 측정한다.

이로써 우리는 삼각형 ACE의 세 번째 꼭지점을 찾아낸 것이다. 여기에서 $\angle C$는 직각이고, $\angle E$가 판의 예각, 즉 직각의 $\frac{1}{2}$과 같게 된다. 확실히 $\angle A$도 직각의 $\frac{1}{2}$과 같기 때문에, 즉 $\overline{AC} = \overline{CE}$이다. 따라서 보폭을

그림 2.
핀을 이용해 만든 도구의 첫 번째 위치.

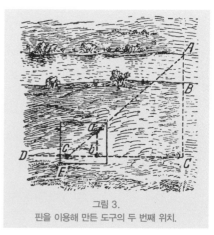

그림 3.
핀을 이용해 만든 도구의 두 번째 위치.

이용하든지 해서 거리 $\overline{CE}$ 를 측정하면, 거리 $\overline{AC}$ 를 구할 수 있고, 또 쉽게 측정 가능한 $\overline{BC}$ 를 거기에서 빼면 강폭을 구할 수 있는 것이다.

핀을 이용해 만든 판자를 움직이지 않은 채 손으로 들고 있기란 상당히 불편하고 어렵다. 그렇기 때문에 아예 이 판자를 끝이 날카로운 막대기에 고정시킨 다음, 막대기를 땅에 수직으로 박아놓는 게 더 나을 것이다.

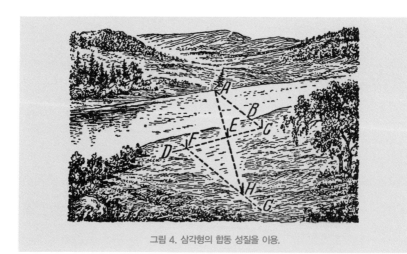

그림 4. 삼각형의 합동 성질을 이용.

2) 두 번째 방법은 첫 번째와 비슷하다. 여기에서도 마찬가지로 $\overline{AB}$ 의 연장선 위에 점 C를 찾고, 핀을 이용해 만든 도구를 이용해서 $\overline{CA}$ 에 수직인 직선 $\overline{CD}$ 를 표시한다. 하지만 그 다음부터는 앞과 다른 방식으로 진행된다(그림 4). 직선 $\overline{CD}$ 위에 $\overline{CE}$ 와 $\overline{EF}$ 의 거리가 같도록 점 F를 잡은 다음에 점 E와 점 F에 막대기를 꽂는다. 그런 다음 핀을 이용해 만든 도구를 가지고 점 F에 서서, $\overline{FC}$ 에 수직으로 $\overline{FG}$ 를 표시한다. 이제는 $\overline{FG}$ 를 따라 걸으면서 $\overline{AE}$ 의 연장선과 $\overline{FG}$ 가 교차하는 점 H를 찾는다. 이로써 점 H, 점 E, 점 A는 일직선상에 놓이게 된다.

문제는 해결되었다. 거리 $\overline{FH}$ 는 거리 $\overline{AC}$ 와 같고, 여기에서 $\overline{BC}$ 를 빼면, 강폭을 알아낼 수 있다(독자 여러분은 어째서 $\overline{FH}$ 와 $\overline{AC}$ 가 같은지 물론 짐작했으리라 믿는다).

이 방법은 첫 번째 방법보다 더 넓은 장소를 필요로 한다. 만일 장소가 넓어서 두 가지 방법 모두 사용할 수 있다면 두 개의 결과를 각각 비교해 보는 것도 유익할 것이다.

3) 지금 살펴본 방법을 약간 변형시킬 수도 있다. 직선 $\overline{CF}$ 위에 동일한 거리가 아니라, 한쪽이 다른 쪽보다 몇 배 더 작도록 점을 잡는다. 예를 들어(그림 5) $\overline{FE}$ 가 $\overline{EC}$ 보다 네 배 더 작도록 점을 잡고, 그 다음부터는 이전과 마찬가지로 진행한다. $\overline{FC}$ 에 직각인 $\overline{FG}$ 위에서 막대 E로 점 A가 가려지는 점 H를 찾아낸다. 하지만 여기에서는 $\overline{FE}$ 가

$\overline{AC}$ 와 같지 않으며, $\overline{AC}$ 보다 네 배 더 작다. 삼각형 ACE와 삼각형 EFH는 여기에서 서로 합동이 아니라 닮음이 된다(변들은 같지 않은 상태에서 각들은 같다). 삼각형의 닮음으로부터 다음의 비율이 나온다.

$$\overline{AC} : \overline{FH} = \overline{CE} : \overline{EF} = 4 : 1$$

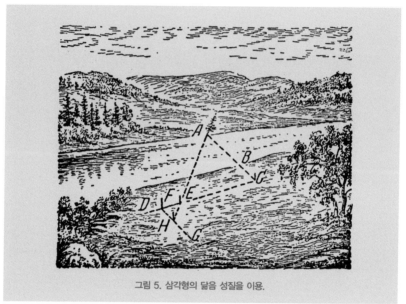

그림 5. 삼각형의 닮음 성질을 이용.

즉, $\overline{FH}$ 를 재서 거기에 네 배를 곱하면 거리 $\overline{AC}$ 를 얻을 수 있고, 그것에서 $\overline{BC}$ 를 빼면 강폭을 구할 수 있는 것이다.

이 방법은 보는 것처럼 그리 많은 공간을 필요로 하지 않기 때문에 앞의 방법보다 더 편리하다.

4) 네 번째 방법은, 꼭지각 중 하나가 30°일 때 그 대변은 빗변의 절반과

같다는 직각 삼각형의 성질을 근거로 한다. 이것을 증명해 보이는 것은 아주 쉬운 일이다. 직각 삼각형 ABC의 각 B(그림 6 왼쪽)는 $30°$일 경우 $\overline{AC}=\frac{1}{2}\overline{AB}$인 것을 증명해보자. $\overline{BC}$를 중심으로 삼각형 ABC를 최초의 위치와 대칭이 되도록 회전시켜보면, ABD가 만들어진다. 점 C의 두 각이 직각이기 때문에 선 ACD는 직선이 된다. 삼각형 ABD에서 $\angle A=60°$, 그리고 $\angle ABD$도 $30°$의 두 배이므로 역시 $60°$이다. 즉 $\overline{AD}$와 $\overline{BD}$는 서로 같은 각의 대칭이므로 $\overline{AD}=\overline{BD}$이다. 그런데 $\overline{AC}=\frac{1}{2}\overline{AD}$이므로 결과적으로 $\overline{AC}=\frac{1}{2}\overline{AB}$가 되는 것이다.

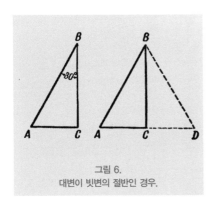

그림 6.
대변이 빗변의 절반인 경우.

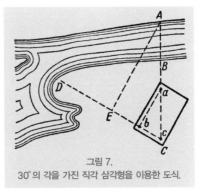

그림 7.
30°의 각을 가진 직각 삼각형을 이용한 도식.

삼각형의 이러한 성질을 이용하기 위해서 우리는 대변이 빗변보다 두 배 작은 직각 삼각형을 판에 표시하고 그 꼭지점에 핀을 세운다. 이 도구를 가지고 $\overline{AC}$가 핀 삼각형의 빗변과 일치하도록 점 C를 정한다(그림 7). 이 삼각형의 짧은 대변을 따라 $\overline{CD}$를 표시하고, 그 위에 $\overline{EA}$가 $\overline{CD}$에 직각이 되도록 점 E를 찾는다(이것 역시 핀을 이용해 만든 도구를 사용하면 된다).

$\angle 30°$의 맞은편에 있는 대변인 $\overline{CE}$는 $\overline{AC}$의 절반임을 쉽게 알 수 있다. 즉, $\overline{CE}$를 잰 다음 이 거리를 두 배로 하고 거기에서 $\overline{BC}$를 빼면 강폭 $\overline{AB}$를 얻을 수 있다.

이렇게 해서 우리는 강을 건너지 않고도 강폭을 상당부분 정확하게 측정할 수 있는 간단한 방법 네 가지를 살펴보았다.

2. 섬의 길이

자, 이제 우리 앞에는 조금 더 힘든 문제가 놓여있다. 강가나 호숫가에 서 있노라면 저 멀리 섬이 보인다(그림 8). 과연 강가를 벗어나지 않은 상태에서 그 섬의 길이를 측정할 수 있을까?

그림 8. 섬의 길이를 재는 방법.

이 경우 우리는 측정하고자 하는 선의 양쪽 끝에 접근할 수는 없지만, 그럼에도 불구하고 이 문제는 어떤 복잡한 도구 없이 충분히 해결할 수 있다.

풀이

강가에 서 있는 상태에서 섬의 길이 $\overline{AB}$(그림 9)를 알아내는 문제이다. 강가에 임의의 점 두 개 P와 Q를 선택한 다음, 거기에 막대를 꽂고, 직선 $\overline{PQ}$ 위에, $\overline{AM}$ 과 $\overline{BN}$ 이 $\overline{PQ}$ 와 직각이 되도록 점 M과 N을 잡는다(이 때 핀을 이용해 만든 도구를 사용한다). $\overline{MN}$ 의 중간인 O에 막대를 꽂고, $\overline{AM}$ 의 연장과 $\overline{BO}$ 의 연장이 교차하는 점 C를 찾는다. 마찬가지로 $\overline{BN}$ 과 $\overline{AO}$ 의 연장이 만나는 점 D를 찾는다. 여기에서 $\overline{CD}$ 가 바로 섬의 길이가 된다.

이것을 증명하는 일은 그리 어렵지 않다. 직각 삼각형 AMO와 DNO를 보면, $\overline{MO}$ 와 $\overline{NO}$ 가 같고, 게다가 $\angle AOM$과 $\angle NOD$ 가 같다. 결과적으로 삼각형들은 합동이고, $\overline{AO} = \overline{OD}$ 이다. 유사한 방법으로 $\overline{BO} = \overline{OC}$ 임을 증명할 수 있다. 그런 다음 삼각형 ABO와 COD를 비교해보면, 그것들이 합동이라는 것을 확신할 수 있고, 따라서 $\overline{AB}$ 와 $\overline{CD}$ 가 같다는 것도 알 수 있다.

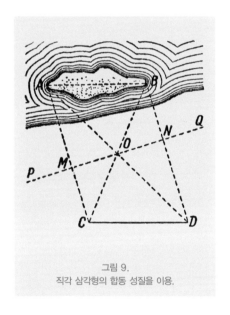

그림 9.
직각 삼각형의 합동 성질을 이용.

3. 건너편 강가에서 걷고 있는 사람

건너편에서 강가를 따라 한 사람이 걷고 있다. 이 쪽 강가에서 당신은 그가 걷는 모습을 확실하게 구분할 수 있다. 당신은 지금 있는 위치에서 대략적으로나마 그와 당신 사이의 거리가 얼마인지 알 수 있을까? 이때 당신은 어떤 도구도 갖고 있지 않다.

풀 이

당신은 아무 도구도 가지고 있지 않지만, 눈과 손이 있고, 그것으로 충분하다. 걷고 있는 사람 쪽을 향해 손을 앞으로 쭉 편 다음, 한쪽 눈으로 손가락 끝을 보는데, 이 때 그 사람이 당신의 오른손 방향으로 걷고 있다면 오른쪽 눈으로, 당신의 왼손 방향으로 걷고 있다면 왼쪽 눈으로 본다. 그리고 저 멀리서 걷고 있는 사람이 손가락으로 가려지는 순간(그림 10) 당신은 지금 보고 있던 눈을 감고 다른 쪽 눈을 뜬다. 그러면 그 사람이 되돌아가는 것처럼 보일 것이다. 그런 다음 그 사람이 다시 당신 손가락에 가려질 때까지 몇 걸음을 걷는지 센다. 이로써 당신은 거리의 대략적인 측정을 위해 필요한 모든 자료를 얻은 셈이다.

자, 그럼 그 자료를 어떻게 이용해야 하는 지 알아보기로 하자. 그림 10에서 a와 b는 당신의 두 눈이고, 점 M은 당신이 쭉 편 손의 손가락 끝이며, 점 A는 걷고 있는 사람의 첫 번째 위치, 점 B는 두 번째 위치이다. 삼각형 abM과 삼각형 ABM은 닮은꼴이다 (이때 $\overline{ab}$ 가 걷고 있는 사람이 움직이는 방향과 대략 평행이 되도록 당신은 그 사람 쪽으로 몸을 돌려야 한다). 따라서 $\overline{BM} : \overline{bM} = \overline{AB} : \overline{ab}$ 이며, 여기에서 알려지지 않은 것은 $\overline{BM}$ 하나뿐이고, 나머지는 직접 구할 수 있다. 실제로 $\overline{bM}$ 은 앞으로 쭉 편 당신 손의 길이이다. $\overline{ab}$는 당신의 두 눈동자 사이 거리, $\overline{AB}$는 걷고 있는 사람의 걸음 수로써 측정할 수 있다(한 걸음은 평균적으로 $\frac{3}{4}m$이다). 따라서 당신이 서 있는 곳으로부터 맞은 편 강가의 걷고 있는 사람까지의 거리는

$$\overline{MB} = \overline{AB} \cdot \frac{\overline{bM}}{\overline{ab}}$$

이다.

그림 10. 건너편 강가에서 걷고 있는 사람까지의 거리가 얼마인지 측정하는 방법.

예를 들어 당신의 눈동자 사이 거리($\overline{ab}$)가 6cm, 앞으로 쭉 내민 손끝에서 눈까지 거리 $\overline{BM}$ 이 60cm, 그리고 걷고 있는 사람이 A에서 B까지, 예를 들어 14 걸음을 걸었다고 치면, 당신으로부터 그 사람까지 거리

$$\overline{MB} = 14 \cdot \frac{60}{6} = 140걸음, 혹은 105m가 된다.$$

그러므로 만약 두 눈동자 사이의 거리를 미리 재고, 또 눈에서 앞으로 쭉 편 손끝까지의 거리 $\overline{bM}$ 을 미리 잰 다음, 그 비율 $\frac{\overline{bM}}{\overline{ab}}$ 의 수치를 기억해

둔다면, 멀리 있는 물체까지의 거리를 알아낼 수 있다. 즉 이 비율에다가 $\overline{AB}$ 를 곱하기만 하면 된다. 평균적으로 대다수 사람들에게 있어서 $\frac{\overline{bM}}{ab}$ 은 10 안팎이다. 단지 어떤 식으로든 $\overline{AB}$ 를 알아내는 것이 좀 어려울 뿐이다. 우리 경우에는 저 멀리 걷고 있는 사람의 걸음 수를 이용했다. 하지만 다른 것을 이용할 수도 있다. 예를 들어 멀리 있는 화물 열차까지의 거리를 재고 자 한다면, $\overline{AB}$ 길이는 그 길이가 이미 알려진 화물객차 길이(완충기들 사 이 거리는 7.6m이다)와 비교해서 구할 수 있다. 만일 집까지 거리를 알아내 려고 한다면, $\overline{AB}$ 는 창 폭이라든가, 벽돌 길이 등과 비교해서 잴 수 있다.

이 방법은 또한, 저 멀리 있는 물체의 크기를 알아내는 데에도 사용되는 데, 관찰자로부터 물체까지의 거리를 알고 있을 때 가능하다. 이를 위해 다른 종류의 '거리계(range finder)' 들도 사용되는데, 이것에 대해 한번 알아 보자.

4. 가장 간단한 거리계

1장에서는 접근이 어려운 높이를 재는 가장 간단한 기구인 고도계에 대 해 살펴보았다. 이제는 멀리 있는 것까지의 거리를 잴 수 있는 가장 간단 한 도구에 대해 알아보자. 가장 간단한 거리계는 평범한 성냥개비 하나로 만들 수 있다. 성냥개비의 한 면에 1mm의 눈금을 붙여 보기 쉽게 교대로 흑과 백으로 칠하기만 하면 된다(그림 11).

이 성냥개비 거리계를 사용할 수 있는 것은 물체의 크기를 알고 있을 때

그림 11. 성냥개비 거리계.

뿐이다(그림12). 또한 이보다 완벽한 종류의 그 어떤 거리계라 할지라도 물체의 크기를 알아야 사용이 가능하다. 예를 들어 저 멀리 사람이 보이는데, 그 사람이 있는 곳까지의 거리를 잰다고 하자. 여기에서 성냥개비 거리계는 우리에게 커다란 도움을 준다. 쭉 뻗은 손에 성냥개비를 들고, 한쪽 눈으로 보면서 성냥개비 끝을 멀리 있는 사람의 머리 부분에 일치시킨다. 그런 다음 엄지손가락의 손톱을 성냥의 축에 따라 천천히 아래로 내려 멀리 있는 사람의 발 밑과 일치하는 점에서 멈춘다. 이제는 성냥개비를 눈에 가까이 가져와 손톱이 멈춘 곳의 눈금을 보는데, 이로써 여러분에게는 문제 해결을 위한 모든 자료가 다 갖추어진 셈이다.

그림 12. 멀리 있는 거리를 측정하기 위해 성냥개비 거리계를 사용한다.

정확한 비례식은 다음과 같다.

$$\frac{\text{구하는 거리}}{\text{눈에서 성냥개비까지 거리}} = \frac{\text{사람의 평균 신장}}{\text{성냥개비의 눈금}}$$

여기에서 구하는 거리를 쉽게 계산할 수 있다. 예를 들어 만일 성냥개비까지 거리가 $60cm$이고 사람의 신장이 $1.7m$, 그리고 성냥개비의 눈금이 $12mm$라면, 구하는 거리는 다음과 같다.

$$60 \cdot \frac{1700}{12} = 8,500cm = 85m$$

이 거리계의 사용법에 익숙해지기 위해서는 우선 여러분 친구 중 한 사람의 키를 재고, 그 친구로 하여금 어느 정도 멀어지게 한 다음 친구가 여러분에게서 몇 발자국 떨어져있는지를 세어보면 된다.

그러한 방법에 의해 여러분은 말 탄 사람(평균 높이 $2.2m$), 자전거 탄 사람(바퀴 지름 $75cm$), 선로 옆 전신주(높이 $8m$), 열차, 벽돌집 등 그 외 비슷한 물체들까지의 거리를 구할 수가 있다. 소풍이나 야외로 놀러 가면 이런 경우를 흔히 만나볼 수 있다.

5. 강물 흐름의 속도

강 속의 물은 하루 동안 얼마만큼이나 흘러갈까?

강 속의 물이 흐르는 속도를 먼저 측정한다면, 이 문제는 어렵지 않게 해결된다. 측정은 두 사람이 한다. 한 사람의 손에는 시계가 있고, 다른 사람의 손에는 눈에 잘 띄는 어떤 부표, 예를 들면 작은 깃발이 달린 병 하나가 있는데, 이 병에는 물이 반쯤 남겨있고 굳게 닫혀있다. 그런 다음 강의 직선 부분을 골라서 강가를 따라 일정한 간격으로, 예를 들면 $10m$ 간격으로 두 개의 막대 A, B를 세운다(그림 13).

$\overline{AB}$에 수직이 되는 선 위에 또 다른 막대 두 개 C, D를 세운다. 그리고 나서 시계를 가지고 있는 사람이 막대 D의 뒤에 선다. 부표를 가지고 있는 사람은 막대 A보다 조금 상류 쪽으로 가서, 부표를 강에 던진 다음, 자신은 막대 C의 뒤에 가서 선다. 두 사람은 $\overline{CA}$와 $\overline{DB}$ 방향의 물 표면을 주시한다. 부표가 $\overline{CA}$의 연장선을 통과하면 한 사람이 손을 흔든다. 이 신호를 본 다른 사람은 시간을 표시하고, 부표가 $\overline{DB}$를 통과할 때 또 한 번 시간을 표시한다.

그림 13. 강물 흐름 속도의 측정.

시간의 차이가 20초였다고 하자.

그럴 경우 강물이 흐르는 속도는

$$\frac{10}{20} = 0.5m/초$$

이다.

흔히 측정은 부표를 던져 넣는 지점을 달리 하며 열 번에 걸쳐 반복한다.^{한 개의 부표를 열 번 던져 넣는 대신 열 개의 부표를 약간의 간격을 둔 채 한번에 던져 넣을 수도 있다.} 그런 다음 얻어진 결과를 합해서 그것을 측정 횟수로 나눈다. 이런 식으로 강 표면층의 평균 속도를 구할 수 있다.

더 깊숙한 층은 더 느리게 흐르며, 전체 흐름의 평균속도는 표면속도의 대략 $\frac{4}{5}$ 정도이기 때문에 결론적으로 우리 경우에는 1초당 $0.4m$가 된다.

표면 속도는 다른 방법, 좀 덜 믿음직스러운 방법에 의해서도 알아낼 수 있다.

보트를 탄 다음, $1km$를 항해하는데, 처음에는 강의 흐름에 역행해서, 그리고 되돌아올 때에는 강의 흐름을 따라 항해한다. 이 때 줄곧 같은 힘으로 노를 젓도록 노력한다. 예를 들어 당신이 $1,000m$를 항해하는 동안 흐름에 역행해서는 18분, 흐름을 따라서는 6분이 걸렸다고 치자. 강물이 흐르는 속도를 x로 표시하고, 흐르지 않는 물에서 당신이 움직이는 속도를 y로 표시하면,

$$\frac{1000}{y-x} = 18, \quad \frac{1000}{y+x} = 6,$$

이 식을 정리하면

$$y+x = \frac{1000}{6}$$

$$y-x = \frac{1000}{18}$$

그러므로

$$2x=110$$

$$x=55$$

이다.

표면에서 물 흐름의 속도는 1분당 $55m$이고, 결과적으로 평균속도는 대략 1초당 $\frac{5}{6}m$이다.

6. 연못의 깊이

연꽃에 관련한 인도의 문제를 한번 살펴보기로 하자.

고대 인도에서는 시(詩) 형식을 이용해서 문제와 규칙을 내는 관습이 있었다. 다음은 그런 문제 중 하나이다.

고요한 연못 위

연꽃 하나가 반 피트 정도 머리를 내밀고 있네.

연꽃은 외로이 피어있네. 허나, 바람이

질풍처럼 불어와 연꽃을 저 멀리 밀어버리네.

더 이상 물위에 연꽃 모습 보이지 않고,

어부는 이른 봄 연꽃을 원래 있던 자리에서

2피트 떨어진 곳에서 발견했네.

자, 그럼 문제 하나를 내노라!

이곳 연못의 깊이는

과연 얼마나 될까?

풀 이

연못의 깊이 $\overline{CD}$ 를 x라고 하자(그림 14). 그러면 피타고라스 정리에 따라 다음의 식이 된다.

$$\overline{BD}^2 - x^2 = \overline{BC}^2,$$

즉,

$$x^2 = (x+\frac{1}{2})^2 - 2^2$$

여기에서

$$x^2 = x^2 + x + \frac{1}{4} - 4 \ \text{그러므로} \ x = 3\frac{3}{4}$$

그림 14. 연꽃에 관한 인도의 문제.

결국 연못의 깊이는 $3\frac{3}{4}$ 피트이다.

강가나 깊지 않은 연못가 근처에서는 실제로 이런 현상이 일어날 수 있다. 그러면 당신은 어떤 도구도 사용하지 않고 손에 물도 묻히지 않은 상태에서 강이나 호수의 깊이를 알아낼 수 있는 것이다.

7. 강 속에 있는 별빛 하늘

강은 한밤중에도 기하학 문제를 내준다. 19세기 러시아의 위대한 작가 중의 한 사람인 고골은 자신의 작품 속에서 우크라이나를 흐르는 드네프르 강을 다음과 같이 묘사했다.

별은 이 세상 위에서 밝게 빛나며 환하게 비추다가 한 순간 드네프르 강에 온몸을 내맡긴다. 드네프르 강은 자신의 어두운 품 안에 별 전체를 품고 있다. 어떤 별도 도망치지 못한다. 단지 하늘 속에서 사라질 뿐.

실제로 넓은 강가에 서 있노라면 별이 반짝이는 천체 전부가 수면 거울 속에 비치고 있는 듯하다. 하지만 정말로 그럴까? 실제로 별 전체가 강 속에 '온몸을 내맡기고' 있을까?

그림을 그려보자(그림 15). A는 강가의 절벽 끝 근처에 서 있는 관찰자의 눈이고, $\overline{MN}$은 물 표면이다. 점 A로부터 관찰자는 물속에서 어떤 별들을 볼 수 있을까? 이 질문에 답하기 위해서 우선 점 A에서 $\overline{MN}$까지 수선 $\overline{AD}$를 내리고, $\overline{AD} = \overline{DA'}$가 되도록 점 A'를 잡는다. 만일 관찰자의 눈이 점 A' 있다면, 그는 $\angle BA'C$ 안에 있는 하늘 일부만을 볼 수 있을 것이다. 점 A에서 보고 있는 실제 관찰자의 가시거리도 역시 마찬가지이

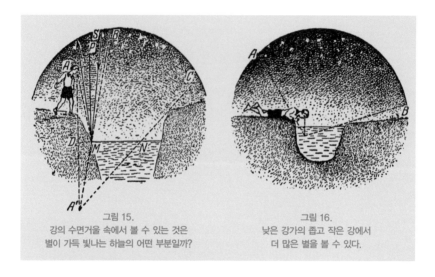

그림 15.
강의 수면거울 속에서 볼 수 있는 것은
별이 가득 빛나는 하늘의 어떤 부분일까?

그림 16.
낮은 강가의 좁고 작은 강에서
더 많은 별을 볼 수 있다.

다. 이 각의 바깥에 있는 별들은 관찰자의 눈에 보이지 않는다. 그 반사광이 관찰자의 눈에 들어오지 않기 때문이다.

어떻게 이 사실을 증명할 수 있을까? 예를 들어 $\angle BA'C$ 바깥에 있는 별 S가 강의 수면 거울 속에서 우리 관찰자의 눈에 보이지 않는다는 것을 어떻게 증명할 수 있을까? 강가에 가까운 점 M에 떨어지는 별빛을 추적해 보자. 물리 법칙에 따르면, 빛은 반사할 때 입사각과 반사각이 같고, 따라서 별 S의 빛은 수선 $\overline{MP}$와 이루는 각도인 입사각 SMP와 같은 각도, 즉 $\angle PMS'$로 반사되며, 결국 이 반사각의 크기는 $\angle PMA$보다 작다(이것은

삼각형 ADM과 삼각형 $A'DM$이 합동이라는 사실에 의거할 때 쉽게 증명된다). 다시 말해서, 반사된 빛은 점 A를 통과하지 않는다. 당연히 점 M에서 더 멀리 있는 점들에 반사된 별 S의 빛은 관찰자의 눈을 통과하지 않을 것이다.

다시 말해서 고골의 묘사는 다분히 과장된 것이다. 드네프르 강 속에 별 전체가 반영될 수는 없으며, 아무리 많이 보인다고 해도 별이 빛나는 하늘의 절반 이하가 보일 수 있을 뿐이다.

더욱 흥미로운 점은, 만일 강물 가까이 몸을 숙인다면 낮은 강변의 좁고 작은 강 속에서는 전체 하늘의 거의 절반(그러니까 넓은 강에서보다 더 많이)이 보인다는 사실이다. 이 경우에 대한 시야 도식을 그려본다면(그림 16) 쉽게 수긍이 갈 것이다.

8. 강을 가로지르는 길

강가가 대체로 평행인 강(혹은 도랑)이 지점 A와 지점 B 사이를 흐르고

그림 17.
강과 직각이 되게 다리를 놓아서
A에서 B로 가는 가장 짧은 길을 만들자.

그림 18.
다리를 놓을 위치가 결정되었다.

있다(그림 17). 그런데 강가에 직각이 되도록 강에 다리를 놓아야 한다. A 에서 B로 가는 길이 가장 짧은 길이 되도록 하기 위해서는 과연 다리를 어디에 놓아야 할까?

풀 이

점A를 지나(그림 18) 강에 수직이 되게 직선을 긋고, 점 A와의 거리가 강폭과 같은 지점 C를 잡은 다음, C와 B를 연결한다. 그리고 A에서 B로 가는 길이 최단코스가 되기 위해서는 점D에 다리를 놓아야 한다.

다리 $\overline{DE}$를 놓고(그림 19), E와 A를 연결하면, 길 $AEDB$가 만들어지는데, 여기에서 $\overline{AE}$ 부분은 $\overline{CD}$와 평행하다(맞은 편 방향인 $\overline{AC}$와 $\overline{ED}$가 동일하고 평행하기 때문에 $AEDC$는 평행사변형이다). 그렇기 때문에 길 $AEDB$는 길이상으로 볼 때 길 ACB와 같다. 이 길이 다른 모든 길보다 짧다는 사실은 쉽게 증명할 수 있다. 그럼에도 불구하고 예를 들어 어떤 길 $AMNB$(그림 20)이 $AEDB$보다 더 짧다고, 즉 ACB보다 더 짧다고 가정해보자. C와 N을 연결하면 $\overline{CN}$과 $\overline{AM}$이 같다는 사실을 알 수 있다. 즉 $AMNB=ACNB$이다. 하지만 CNB는 확실히 $\overline{CB}$보다 더 길다. 즉, $ACNB$는 ACB보다 더 길고, 결론적으로 $AEDB$보다 더 길다. 그렇게 해

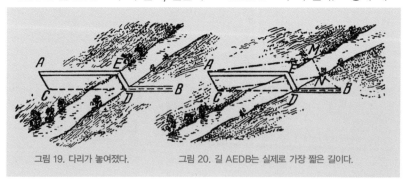

그림 19. 다리가 놓여졌다.　　　　그림 20. 길 AEDB는 실제로 가장 짧은 길이다.

서 길 $AMNB$는 길 $AEDB$보다 더 짧지 않고 더 길다는 결과가 나온다. 이러한 생각은, $\overline{ED}$와 일치하지 않는 모든 다리 위치에 적용할 수 있다. 다시 말해서 길 $AEDB$는 실제로 가장 짧은 코스이다.

9. 두 개의 다리를 놓는 일

그렇다면 조금 어려운 경우에 대해 알아보기로 하자. A에서 B까지 가장 짧은 길을 찾아야 하는데, 이 때 두 개의 강가에 직각이 되도록 두 개의 다리를 놓아야 한다(그림 21). 과연 어디에 다리들을 놓아야 할까?

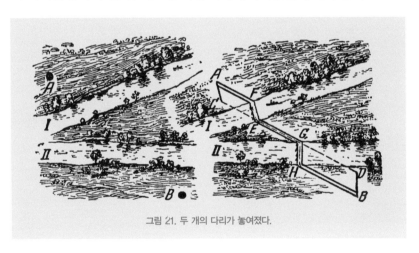

그림 21. 두 개의 다리가 놓여졌다.

풀이

점 A에서(그림 21의 오른쪽) 강 I의 강폭과 같으며 강 I의 강가에 수직인 선분 $\overline{AC}$를 긋는다. 점 B에서 강 II의 강폭과 같으며 마찬가지로 강가에 수직인 선분 $\overline{BD}$ 를 긋는다. 점 C와 점 D를 직선으로 연결한다. 점 E에 다리 $\overline{EF}$, 그리고 점 G에 다리 $\overline{GH}$ 를 놓는다. 길 $AFEGHB$가 A에서 B까지의 최단 코스이다.

우리가 바로 앞 문제를 풀었던 과정을 이 경우에서도 마찬가지로 적용시킨다면, 여러분 스스로도 충분히 증명해 보일 수 있을 것이다.

'신비한 섬'의 위도

저녁 8시. 달은 아직 뜨지 않았지만, 수평선은 달의 여명이라고 할 수 있는 부드러운 은빛으로 창백하게 빛나고 있었다. 남쪽 천정을 에워싸고 별들이 빛나고 있었다. 그 중에는 남십자성도 있었다. 엔지니어 스미스는 잠시 그 별자리를 쳐다보았다.

그는 몇 분 동안 생각에 잠기고 나서 소년에게 물었다.

"하버트, 오늘이 4월 15일이지?"

"예." 소년이 대답했다.

"그래, 내가 잘못 생각한 게 아니라면 내일은 시태양시와 평균태양시가 일치하는 날이야. 그런 날은 1년에 나흘밖에 없는데, 내일이 바로 그 날이지. 몇 초의 오차는 있을지 모르지만, 내일은 태양이 정오에 자오선을 통과할 거야. 그러니까 날씨만 좋으면 이 섬의 경도를 대충 알 수 있을 거야."

"도구가 아무것도 없는데요?"

"그래. 오늘 밤은 날씨가 맑으니까 남십자성의 고도를 계산하고, 수평선 위의 남극 위치를 측정해서 이 섬의 위도를 조사할 생각이야. 그리고 내일 정오에는 경도도 계산할거야."

거울에 반사된 천체의 상을 이용하여 두 점 사이의 거리를 각도로 정확하게 측정할 수 있는 기구인 육분의만 있으면 엔지니어의 작업은 조금도 어렵지 않을 것이다. 그날 밤에는 남극의 위치로, 그리고 이튿날에는 자오선을 통과하는 태양의 위치로 섬의 경도와 위도를 파악할 수 있을 테니까. 그런데 육분의가 없기 때문에 육분의를 대신할 것을 찾아야 했다.

엔지니어는 동굴로 들어갔다. 그는 화덕 불빛에 의지해서 납작하고 작은 자를 두 개 만들었다. 그리고 그것을 컴퍼스 모양으로 만들기 위해 한쪽 끝을 서로 맞붙였다. 이제 두 개의 자를 크게 벌리거나 작게 오므릴 수 있게 되었다. 끝을 고정하는 데에는 땔나무 다발의 아카시아 나뭇가지에 돋아나 있던 굵은 가시를 사용했다.

도구가 완성되자 엔지니어는 다시 바닷가로 돌아갔다. 하지만 확실히 보이는 수평선 위에서 남극의 위치를 측정해야 했다. 그래서 그는 관측을 하기 위해 '전망대'로 갔다. 물론 '전망대' 자체의 고도를 고려해야 하지만, 그것은 이튿날 초급 기하학의 간단한 공식으로 계산하면 된다.

남쪽 수평선은 떠오르기 시작한 달빛을 받아 하늘과 뚜렷이 구별할 수 있었고, 상당히 정확하게 조준을 맞출 수 있었다. 이 때 남십자성은 알파별이 아래쪽으로 내려가 역십자 모양이 되어있었다. 이 알파별이 남극과 가장 가까운 위치에 있었다.

하지만 이 별은 북극성이 북극을 나타내는 것만큼 정확하게 남극 가까이 자리 잡고 있는 것은 아니다. 알파별은 남극에서 약 $27°$ 되는 곳에 있지만, 엔지니어는 그것을 알고 있으니까 계산할 때 그 거리를 고려할 것이다. 그는 또한 이 별이 자오선을 통과할 때 관찰하려고 주의를 기울였다.

그래야 관찰하기가 쉬울 터였다.

이리하여 스미스는 나무로 만든 컴퍼스의 한쪽 다리를 수평선에, 또 한쪽 다리를 알파별로 향했다. 이 두 다리 사이의 거리가 알파별과 수평선 사이의 각 거리이다. 이 각도가 움직이지 않도록 고정하기 위해 그는 컴퍼스의 두 나무판 사이에 판을 또 하나 끼우고 가시로 고정시켰다. 이로써 컴퍼스가 단단히 고정되었다.

이 작업이 끝나면 남은 일은 그 각도를 계산하는 것뿐이다. 수평선을 위에서 내려다보고 있다는 것을 고려하여 해수면과 같은 높이에서의 관찰 결과를 얻으려면, 아무래도 고원의 고도를 계산할 필요가 있었다. 이렇게 얻은 각도의 수치가 알파별의 높이를 나타내게 될 것이다. 따라서 수평선상의 남극 위치, 즉 섬의 위도를 가르쳐줄 것이다. 지구상에 있는 한 점의 위도는 그 지점의 수평선상에 있는 극의 각도와 항상 일치하기 때문이다. 이런 계산은 내일 하기로 했다.

고원의 높이가 어떤 식으로 측정되었는지에 대해서 『페렐만의 살아있는 수학 3』을 읽은 독자들은 이미 알고 있을 것이다. 여기에서는 소설의 이 부분을 건너뛰고, 엔지니어의 뒤이은 작업과정을 지켜보기로 하자.

엔지니어는 전날 만든 기구를 다시 가져왔다. 두 다리의 간격이 알파별과 수평선의 각 거리를 이루는 컴퍼스다. 그는 360도로 등분한 원주에 맞춰 이 각도를 정확하게 쟀다. 각도는 10도였다. 알파별과 남극 사이의 각도인 27도를 여기에 더하고, 관찰 지점인 고원의 높이를 빼고 해수면과 맞추어보면, 남극과 수평선 사이의 각 거리는 37도라는 이야기가 된다. 그래서 스미스는 이렇게 결론을 내렸다. 링컨 섬(신비한 섬)은 남위 37도에 있거나, 이 관측 작업의 불완전함을 고려하여 5도의 오차를 인정하면 남위 35도에서 40도 사이에 있다.

　이제 경도만 알면 섬의 위치를 확인할 수 있었다. 엔지니어는 오늘 정오에 태양이 자오선을 통과할 때 그것을 측정하려 하고 있었다.

03

노 천 의 기 하 학

✤

우리는 아주 멀리 떨어져 있는 것들을 느끼는 대로, 눈으로 보이는 대로 믿어버려서 그 크기를 결정해버리는 경우가 많습니다. 하늘에 떠있는 달도, 태양도, 그리고 멀리 보이는 집도 산도 그런 식입니다. 하지만 우리 눈에 보이는 물체는 그 빛과 밝기 그리고 거리에 의해서 매우 다양한 크기로 보입니다. 그 크기를 느끼는 대로 말 한다면 열에 아홉은 틀린 답이 될 것입니다.

멀리 떨어져 있는 것이 얼마만한 크기인지를 정확하게는 아니지만 대충 잴 수 있는 방법이 있다면 우리는 그 크기에 대해서 훨씬 정확하게 이야기할 수 있을 것입니다. 사실 그것은 아주 간단한 방법으로 가능합니다.

이 장에서는 멀리 떨어져 있는 물건이 우리 눈에 얼마만한 크기로 보이는지 정확하게 알아봅시다.

이것을 안다면 야영이나 산책을 할 때 눈에 보이는 어떤 지점까지의 거리를 대략적으로 알아내는데 많은 도움이 될 것입니다.

방법을 아는 사람에게는 아주 간단한 일이지만 그렇지 못한 사람에게는 놀라운 일이 될 것입니다.

1. 달의 크기

하늘의 보름달 크기가 어느 정도로 보이는가? 이 질문에 대한 대답은 아마도 매우 다양할 것이다.

사람들은 달이 "접시만하다" "사과만하다" "사람 얼굴만하다" 등 부정확하고 어수룩한 답변을 늘어 놓을 텐데, 이는 단지 그 사람들이 질문의 본질을 명확히 이해하지 못하고 있음을 증명해줄 뿐이다.

언뜻 보기에 평범해 보이는 이 질문에 정확하게 대답하는 사람은 물체의 '외관상' 크기가 무엇인지 정확하게 이해하고 있는 사람뿐이다. 물체의 '외관상' 크기는 '시각(視角), 즉 해당 물체의 양 끝에서 눈에 이르는 두 직선이 이루는 각과 관련이 있다(그림 1). 그리고 하늘의 달을 접시 크기나 사과 크기 등과 비교함으로써 달의 크기를 평가한다면, 그런 대답은 혹은 아무 의미가 없는 것이거나 혹은 하늘의 달이 접시나 사과와 같은 시각 하에 보인다는 것을 의미한다. 하지만 그러한 지적은 그 자체만으로는 아직 불충분하다. 알다시피 접시나 사과도 그 거리에 따라 다양한 시각 하에 보이기 때문이다. 가까이에서는 커다란 시각 하에, 그리고 멀리에서는 더 작은 시각 하에 보인다. 그러므로 확실히 하기 위해서는 어떤 거리에서 보이는 접시나 사과인지에 대해 언급해야 한다.

그 거리가 언급되지 않은 다른 물체 크기와 저 멀리 있는 물체 크기를 비교하는 것은, 유명한 작가들조차 사용하는 상당히 흔한 문학적인 기법이다. 작가는 대다수 사람들의 익숙한 심리에 가깝기 때문에 오래 기억되는 인상을 줄 수는 있지만 명확한 이미지를 만들어내지는 못한다.

그림 1. 시각이란 무엇인가!

자, 그럼 셰익스피어의 『리어왕』을 예로 들어보자. 바닷가 높은 절벽에서 본 광경이 묘사되어있다(에드가의 대사이다).

얼마나 무시무시한가!

현기증이 나는구나! 아래를 내려다보니 바닥이 안 보인다…….

저기 중간쯤 되는 곳 허공에서 날고 있는 까마귀나

붉은 부리 까마귀가 마치 파리보다 작아 보이는구나.

저기 아래 벼랑 중간에는

바다미나리를 따는 사람도 매달려있어……. 흠, 끔찍한 직업이야!

그 사람은 머리 크기 정도로 보이네.

물가를 걷고 있는 어부들은 정말 생쥐로군.

그리고 닻을 내린 채 정박해있는 대형범선은

범선의 나룻배만큼 작아지고, 또 그 나룻배는 부표 같구나,

보기에 너무나도 작은 부표…….

만약 비교대상(파리, 사람머리, 생쥐, 나룻배……)이 얼마나 멀리 떨어져있
는지에 대한 언급이 있었더라면, 이 비교는 좀더 명확해졌을 것이다.

2. 시각

1°의 시각에 대한 명확한 예를 들어보기 위해 평균 신장(1.7m)인 사람이
1°의 시각으로 보이기 위해 그가 우리로부터 얼마나 멀리 떨어져 있어야
하는지 알아보기로 하자. 이 문제를 기하학 언어로 바꿔 말하면, 1°에 대
한 원호 길이가 1.7m인 원의 반지름을 구하라는 것이다(엄격히 말하면, 원

호가 아니라, 곡선상 두 개의 점을 연결하는 직선이지만, 작은 각도에 있어서 이 둘의 길이차이는 아주 미미하다). 자, 그럼 함께 생각해보자. 만일 1°에 대한 호가 1.7m라면, 원주는 360°이므로 그 길이는 1.7×360=610m가 되고, 또 반지름은 2π 배만큼 원주길이보다 작다. 만일 π를 대략 $\frac{22}{7}$라고 한다면, 반지름은

$$610 \div \frac{44}{7} \fallingdotseq 97m$$가 된다.

그림 2. 사람의 형태는 백 여 미터 떨어진 거리에서 1°의 시각으로 보인다.

이렇게 우리에게서 대략 100m(그림 2) 떨어진 곳에 있는 사람은 1°의 시각으로 보이게 된다. 만일 그 사람이 두 배 더 멀리, 그러니까 200m쯤 떨어진 곳에 있게 된다면, 그 사람은 0.5°로 보이게 되며, 만일 50m까지 다가온다면, 시각은 2°가 된다.

마찬가지로 길이 $1m$의 막대기는 $360 : \frac{44}{7} = 57m$ 거리에서 $1°$의 시각으로 보인다는 것을 계산으로 알아낼 수 있다. $1°$의 시각으로 보기 위해 $1cm$의 물체는 $57cm$ 떨어져야 하고, $1km$의 물체는 $57km$ 떨어져야 하는 등, 이 숫자 57을 기억해두면, 물체의 각도 크기와 관련된 모든 계산을 빠르고 또 간단하게 할 수 있을 것이다. 예를 들어 지름 $9cm$의 사과가 $1°$의 시각으로 보이기 위해 사과를 얼마나 멀리 갖다 놓아야 하는지를 알고자 한다면, 그저 9×57을 하면 그것으로 충분하며, 답은 $513cm$, 혹은 약 $5m$가 된다. 거리가 두 배가 되면, 시각은 두 배 작은 각도, 즉 $0.5°$가 되는데, 즉 달의 시각과 같게 된다.

그런 식으로 우리는 어떤 물체든 간에 그 물체가 어느 거리에서 달과 같은 크기가 되는지, 그 거리를 계산해낼 수 있다.

3. 접시와 달과 동전

하늘의 달과 같은 크기로 보이기 위해서 지름 $25cm$인 접시를 얼마나 멀리 떨어뜨려 놓아야 할까? 그리고 또 달이 5코페이카 동전(지름 $25mm$) 그리고 3코페이카 동전($22mm$)과 같은 크기로 보이기 위해서는 이 동전들을 얼마나 멀리 떨어뜨려 놓아야 할까?

풀이

달은 네 걸음 떨어진 곳에서의 2코페이카 동전이나 혹은 $80cm$ 떨어진 곳에서의 보통 연필의 단면보다 더 크게 보이지 않는다. 만일 이 사실이 믿기지 않는다면, 연필을 손에 들고 만월을 향해 손을 쭉 뻗어보아라. 아마 연필이 만월(滿月)을 가려버릴 것이다. 또한 이상스럽게도 외관상(보이는) 크기라는 의미에서 달에 가장 적합한 비교 물체는 접시나 사과, 체리가 아니라 완두콩 알이나 성냥개비 머리라는 사실이다! 접시나 혹은 사과와 비교하기 위해서는 그것들을 엄청나게 먼 거리에 떨어뜨려 놓아야 한다. 손에 들고 있는 사과나 식탁 위 접시는 달보다 10배, 20배 더 크게 보인다. 그리고 눈에서 $25cm$ 거리('명시거리') 떨어진 곳에 있는 성냥개비 머리만이 실제로 시각이 $0.5°$ 하에서, 즉 달과 같은 크기로 보이는 것이다.

대다수 사람들의 눈에 달이 10배에서 20배까지 거짓으로 더 크게 보이는 것은 가장 흥미로운 착시현상 중의 하나이다. 그것은 무엇보다도 달의 밝기에 달려있다. 접시나 사과, 동전, 그 외 다른 비교 물체들이 주변 상황에서 눈에 띄는 것보다 훨씬 더 강하게 만월은 하늘을 배경으로 선명히 드러나 보인다. 같은 이유에 의해 전구 속 달아오른 필라멘트는 빛이 꺼진 차가운 상태에서보다 훨씬 두껍게 보인다.

이러한 착각은 우리 주위에서 흔히 볼 수 있다. 예리한 눈을 가진 화가들조차 다른 사람들과 마찬가지로 그 착각에서 벗어나지 못한 채 캔버스 위에 만월을 정확한 외면상(보이는) 크기보다 훨씬 더 크게 그리곤 한다. 화가들이 그린 풍경화를 사진의 그것과 비교해보면 금방 수긍이 갈 것이다.

지금까지 말한 것은, 같은 시각의 $0.5°$ 로 지구에서 보여지는 태양에도 역시 적용된다. 왜냐하면 태양의 실제 지름은 달의 그것보다 400배나 더 크지만, 우리가 사는 지구에서 태양까지 거리 역시 달까지 거리보다 400배나 더 멀기 때문이다.

$25cm$의 접시는 앞(1.달의 크기)에서 나온 것과 마찬가지로 계산을 하여서 $25cm \times 57 \times 2 = 28.5m$ 이다.

나머지 두 동전도 같은 식으로 계산을 하면 된다. 즉, 0.025 × 57 × 2 = 2.85m와 0.022 × 57 × 2 = 2.508m이다.

4. 살아있는 각도기

각도를 재는 간단한 도구를 직접 만드는 일은 그리 어렵지 않다. 하지만 야외로 놀러 나가면서 자기가 만든 각도기를 일부러 가지고 다니지는 않을 것이다. 그런 경우 우리는 항상 우리 몸에 있는 '살아있는 각도기'의 도움을 받을 수 있다. 바로 우리 손가락이다. 시각을 대략적으로 잴 목적으로 손가락을 사용하기 위해서는 사전에 미리 여러 번에 걸쳐 측정하고 계산하는 것이 필요하다.

무엇보다도 먼저, 앞으로 쭉 편 손의 집게손가락 손톱이 몇 도의 시각으로 보이는지 알아두어야 한다. 보통 손톱의 폭은 1cm이다. 그리고 이렇게 손을 쭉 뻗었을 때 손톱과 눈과의 거리는 약 60cm이다. 그래서 손톱은 대략 1°의 시각으로 보인다(거리가 57cm일 경우 1°의 시각으로 보이기 때문에 실제로는 1°보다 작다). 아이들의 손톱은 더 작지만, 손 역시 더 짧기 때문에 아이들의 경우에도 시각은 대략 똑같은 1°이다. 만일 여러분이 이와 같은 자료를 염두에 두지 않고 자신이 직접 측정하고 계산한다고 하더라도 그 결과는 1°에서 크게 벗어나지 않을 것이다. 만일 차이가 너무 클 경우에는 다른 손가락으로 해봐야 한다.

이러한 사실을 알고 있는 상태라면 여러분은 말 그대로 맨손으로 작은 시각을 잴 수 있는 방법을 터득한 것이다. 앞으로 쭉 편 손의 집게손가락 손톱으로 정확히 가려지는 저 먼 곳의 모든 물체는 1°의 시각으로 보일 것이며, 따라서 자신과 그 물체 사이 거리는 그 물체 지름의 대략 57배 거리에 달한다는 것을 알 수 있다. 만일 손톱이 물체의 절반을 가린다면, 그 시각 크기는 2°이고, 거리는 지름의 28배 거리에 떨어져 있는 것이다.

보름달은 손톱의 반 정도만 가리기 때문에, 다시 말해서 0.5° 시각으로 보이며, 따라서 달은 그 지름의 114배 떨어져 있는 것이 된다.(맨손으로 천체를 측정했다!)

좀 더 큰 각도를 재기 위해서는 엄지손가락 손톱이 있는 쪽 마디를 이용한다. 보통 어른들의 손에서 이 마디의 길이(주목할 점은 폭이 아니라, 길이라는 사실이다)는 약 $3\frac{1}{2}cm$이며, 손을 앞으로 쭉 폈을 때 눈에서의 거리는 약 $55cm$이다. 그러한 상태에서 그 시각 크기는 4°가 된다는 것을 쉽게 계산할 수 있다. 이로써 4°의 시각을(즉 8°의 시각도) 잴 수 있는 방법을 얻은 셈이다.

그 외에도 손가락으로 측정할 수 있는 두 개의 각이 더 있다. 1) 하나는 앞으로 손을 쭉 뻗은 다음 가운데 손가락과 집게손가락을 가능한 넓게 벌려 만든 손가락 끝에서 끝까지의 시각이며, 2) 또 하나는 마찬가지로 최대한 벌려서 생긴 엄지손가락과 집게손가락 사이의 시각이다. 첫 번째 각은 약 7~8°, 두 번째 각은 15~16° 임을 쉽게 계산할 수 있다.

탁 트인 공간에서 산책을 하다 보면 당신의 살아있는 각도기를 사용할 기회는 수없이 많다. 예를 들어 저 멀리 화물차가 보인다고 가정해 보자. 화물차는 당신이 앞으로 쭉 편 손의 엄지손가락 마디 절반 정도에 의해 가려지는데, 다시 말해서 약 2°의 시각으로 보이는 것이다. 화물차의 길이는 이미 알려져 있기 때문에(약 $6m$) 여러분은 화물차까지의 거리가 얼마인지 쉽게 알아낼 수 있다. $6 \times 28 = 170m$. 물론 이러한 측정은 신빙성이 많이 없는 대략적인 것이지만, 그래도 눈에 의지한 근거 없는 측정보다는 더 신빙성이 있는 것이다.

5. 야곱의 지팡이

위에서 살펴본 자연의 '살아있는 각도기' 보다 더 정확한 각도기를 갖고 싶다면 그 옛날 우리 선조들이 사용했던 간단하면서도 편리한 기구를 만들면 된다. 이것은 기구를 제작한 사람의 이름을 따서 '야곱의 지팡이' 라고 부르는 것으로, 18세기까지 선원들 사이에서 널리 사용되었으며, 그 이후 좀더 편리하고 정확한 각도기(육분의)로 점차 바뀌었다.

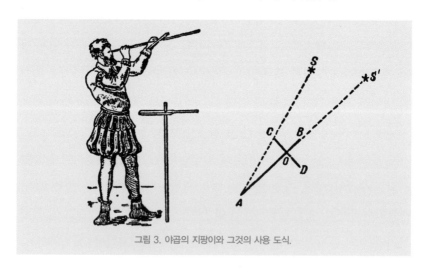

그림 3. 야곱의 지팡이와 그것의 사용 도식.

야곱의 지팡이는 길이 70~100cm의 긴 자 $\overline{AB}$에 수직인 막대 $\overline{CD}$가 $\overline{AB}$를 따라 미끄러지도록 만든 징치이다. 비끄러지는 막대의 $\overline{CO}$와 $\overline{OD}$는 길이가 같게 되어있다. 만일 여러분이 이 막대를 가지고 별들 S와 S' 사이의 각 거리를 재고자 한다면(그림 3), 우선 자의 끝 A를 눈에 대고 (관찰의 편이를 위해 구멍 뚫린 금속판을 설치했다.) 별 S'가 A와 B의 연장선 위에 보이도록 자를 기울인다. 그런 다음 별 S가 C의 끝으로 가려질 때까지 $\overline{CD}$를 자를 따라 움직여준다(그림 3). 그리고 거리 $\overline{AO}$를 잰다. 여기에서 $\overline{CO}$의 거리를 알고 있으므로 $\angle SAS'$를 계산할 수 있다. 즉 $\angle SAS' = \angle CAO$이므로 $\angle CAO$를 구하면 $\angle SAS'$를 계산할 수 있다. 삼각법에 따르면 $\angle CAO$의 탄젠트는 $\dfrac{\overline{CO}}{\overline{AO}}$이다. 따라서 우선 $\dfrac{\overline{CO}}{\overline{AO}}$를 계산한 뒤 삼각함수표를 사용하면 $\angle SAS'$를 구할 수 있다.

그렇다면 미끄러지는 막대의 반은 무엇에 쓰이는 걸까? 구하는 각이 너무 커서 지금 말한 방법으로는 각을 구할 수 없을 경우 이 막대를 사용한

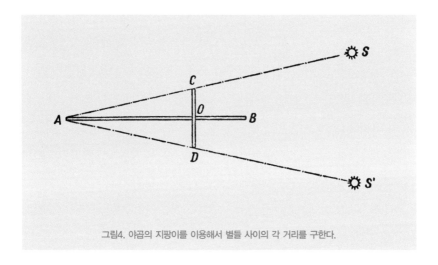

그림4. 야곱의 지팡이를 이용해서 별들 사이의 각 거리를 구한다.

다. 그 때에는 별 S' 를 자 $\overline{AB}$ 로 겨누지 않고 미끄러지는 막대를 움직여서 $\overline{AD}$ 의 연장선 위에 S' 가 오는 것과 동시에 $\overline{AC}$ 의 연장선 위에 S가 오도록 한다(그림 4). 계산이나 그림을 그려서 $\angle SAS'$ 를 구하는 것은 물론 어렵지 않을 것이다.

측정할 때마다 계산이나 그림을 그릴 필요 없이 이 도구를 만들 때 계산해서 나온 각도를 자 $\overline{AB}$ 에 새겨 둔다. 그런 다음 두 개의 별을 겨누고 나서 눈금을 읽으면 구하는 각도를 바로 알 수 있다.

6. 당신의 시력

물체의 시각이라는 개념을 숙지했다면 여러분은 시력을 어떻게 측정하는 지 알 수 있을 것이며, 여러분 스스로가 자신의 시력을 측정할 수 있을 것이다.

종이 위에 길이 $5cm$, 굵기 $1mm$인 동일한 검은 선 20개를 긋는다(그림 5). 이 그림을 밝은 곳의 벽에 고정시킨 다음 선들이 더 이상 구분되지 않고 전체가 하나의 회색 배경으로 합쳐 보이는 곳까지 뒤로 물러난다. 그런 다음 이 거리를 재고, 여러분이 이미 알고 있는 방법으로 $1mm$ 굵기의 선들이 구분되지 않는 시각을 계산하면 된다. 만일 이 시각이 $1'$ 이라면 당신의 시력은 정상이며, 만일 $3'$ 이라면 정상시력의 $\frac{1}{3}$이 된다.

그림 5의 선들이 여러분 눈에는 $2m$ 거리에서 하나로 합쳐진다. 그렇다면 여러분의 시력은 정상일까?

우리가 아는 것처럼, $57mm$ 거리에서 폭 $1mm$의 선은 $1°$의 시각, 즉 $60'$으로 보인다. 따라서 $2,000mm$의 거리에서 그 선은 x의 시각으로 보이며, 이것은 아래 비례식에 의해 구할 수 있다.

$x : 60 = 57 : 2,000$

$x = 1.7'$

시력은 정상 이하이며,

$\dfrac{1}{1.7} \fallingdotseq$ 약 0.6

이다.

그림 5. 시력 측정을 위한 그림.

7. 시력의 한계

위에서 살펴본 바와 같이 $1'$ 이하의 시각으로 보이는 선은 정상인의 시력으로 분간하기는 힘들다. 예를 들어 관찰 대상이 어떠한 형태이든 간에 $1'$ 이하에서 보이는 경우 정상의 눈으로는 분별할 수 없다. 이 때 각각의 물체는 '눈으로 보기에는 지나치게 작아서' 간신히 분별되는 점으로, 형태나 크기도 없는 티끌로 변해버린다. 바로 이것이 정상적인 인간의 눈이다. 즉 각도에 있어서 $1'$ 은 인간 시력의 한계이다. 그 원인이 무엇인지 등에 대해서는 물리학이나 시각생리학 등이 설명해줄 것이고, 여기에서 우리는 이 현상의 기하학적 부분에 대해서만 알아보기로 하자.

시력의 한계는 엄청나게 멀리 있는 커다란 물체이거나 가깝긴 하지만 지나치게 작은 물체이거나 똑같이 적용이 된다. 태양광선이 비추고 있는 먼지는 실제로는 상당히 다양한 형태를 지니고 있지만, 육안으로는 동일한 티끌의 점으로 보이는 등, 우리의 평범한 눈으로는 공기 중에 날아다니는 먼지의 형태를 구별할 수가 없다. 마찬가지로 우리는 곤충 몸의 미세한 부분을 구별할 수 없는데, 왜냐하면 $1'$ 이하의 시각으로 보이기 때문이다. 같은 이유에 의해서 달, 혹성, 그 밖의 천체 표면의 디테일한 부분은 망원경 없이는 보이지 않는다.

만일 자연적인 시력의 한계가 달라진다면, 세계는 완전히 다르게 보일 것이다. 시각의 한계가 예를 들어 $1'$ 이 아니라 $\frac{1}{2}'$ 인 사람의 눈에 주변세계는 훨씬 더 깊고 더 멀리 보일 것이기 때문이다. 이처럼 예리한 눈이 가진 장점에 대해 체홉(러시아 작가-역자)은 소설 『초원』에서 뛰어나게 묘사하고 있다.

그(바샤-역자)의 눈은 놀랄 정도로 예리했다. 황량한 갈색 초원이 늘 생명력으로 넘치는 풍성한 모습이 그의 눈에는 늘 잘 보였다. 멀리 눈을 돌리기만 해도 여우, 토끼, 기러기, 그 밖에 평소 사람을 멀리하는 동물들의 모습을 보는 일이 가능했다. 도망가는 토끼나 날고 있는 야생 기러기들은 즉시 눈에 뜨인다. 이것은 초원을 여행해 본 사람이라면 누구라도 본 적이 있을 것이다. 하지만 특별히 숨지도 않고, 주변을 둘러보지 않고도 둥지에 얌전히 있는 야생동물을 발견하는 일이 누구에게나 가능한 일은 아닐 것이다. 그런데도 바샤는 한가로이 놀고 있는 여우나 앞발로 세수하고 있는 토끼, 날 갯짓을 하며 힘을 거루는 들기러기를 쉽게 볼 수 있었다. 이렇게 눈이 좋은 덕분에 바샤는 누구나가 보는 세계 이외에 또 하나 자신만의 세계, 즉 아무도 볼 수 없는 세계를 볼 수 있었다. 그가 쳐다볼 때마다 탄성을 지르는 걸 보면 아마도 그 세계는 아주 멋진 세계인 듯 했으니, 그를 부러워하지 않을 수가 없었다.

시각의 한계를 $1'$ 에서 $\frac{1}{2}'$ 이나 그 비슷한 부분까지 낮추는 것만으로도 이처럼 놀라운 변화가 일어날 수 있다는 사실이 신기할 뿐이다……

현미경이나 망원경의 마법 같은 작용은 같은 이유에 의한 것이다.

이들 기구가 하는 일은 대상에서 반사되어 나오는 빛의 진로를 바꿔 광속을 크게 벌려 눈에 들어오도록 하는 것이다. 이 때문에 대상은 보다 큰 시각으로 보이게 된다.

현미경과 망원경의 배율이 100배라고 하는 것은 그것을 사용하면 대상이 100배의 시각으로 보인다는 것이다.

만월의 시각은 $30'$ 이고 달의 지름은 $3,500km$이므로 달 표면 지름의 전체 $\frac{3,500}{30}$, 즉 대략 $120km$의 구역은 육안으로 겨우 보일락 말락 한 점이 되어 버린다. 그러나 100배율의 망원경을 사용하면 식별할 수 없는 구역은 훨씬 작아져 $\frac{120}{100} = 1.2km$ 정도가 된다. 그리고 배율 $1,000$배의 망원경을 사용하면 이렇게 보일락 말락 한 구역은 지름 약 $120m$가 된다.

따라서 만약 달 표면에 커다란 공장이나 기선 등이 있다면 우리는 최신 천체 망원경을 이용하면 그것을 볼 수 있을 것이다. 물론 이것은 대기가 완전히 투명하고 균일할 경우에 한해서이다. 실제로 공기는 한결같지도 않고 완전히 투명하지도 않다. 그래서 크게 확대된 상은 비뚤어지기도 하고 휘어져서

흐릿해 보이기도 한다. 이 때문에 모처럼 큰 배율의 천체 망원경이 있더라도 배율을 낮추어 사용해야 할 경우도 있다. 그래서 천문대는 반

드시 공기가 깨끗한 높은 산 꼭대기에 설치하는 것이다.

시각의 한계에 대한 법칙은 우리가 평범하게 일상적으로 관찰하는 데에 있어서도 중요한 의미를 가진다. 이와 같은 우리 시각의 특징으로 인해 각각의 물체는 그 지름의 3,400(즉 57×60)배 떨어져 있을 때 우리는 그 형태를 구별할 수 없고, 그 물체는 하나의 점으로 보일 뿐이다. 그래서 만일 누군가 당신에게, 0.25km 거리에 있는 사람의 얼굴을 육안으로 식별했다고 말한다면, 그것은 거짓말이다. 그 사람이 보기 드문 시력을 갖고 있지 않은 한 불가능한 일이기 때문이다. 알다시피 사람의 두 눈 사이 거리는 고작 3cm이다. 다시 말해서 이미 3×3,400cm, 즉 100m 거리에서 두 눈은 하나의 점으로 합쳐진다. 보병은 거리를 눈대중으로 측정할 때 이를 이용한다. 보병 규칙에 따르면, 만일 사람의 두 눈이 두 개의 점으로 보인다면, 그 사람까지 거리는 100보(즉 60-70m)를 넘지 않는다. 우리가 계산한 바에 의하면 이 거리는 100m가 되지만, 시력을 어느 정도(약30%) 낮추어서 생각했기 때문에 60-70m가 된 것이다.

시력이 보통 사람의 세 배인 쌍안경으로 10km 앞에 가고 있는 말 탄 사람을 구분할 수 있을까?

풀 이

말 탄 사람의 높이를 2.2m라고 하자. 그 사람의 모습을 육안으로 보았을

때 점으로 변하는 거리는 2.2×3,400=7km이며, 세 배인 쌍안경을 사용한 다면 21km가 된다. 따라서 10km라면 이 쌍안경으로 충분히 식별할 수 있다(단, 주변이 충분히 맑고, 밝을 경우).

'신비한 섬'의 경도

'신비한 섬' 의 위도를 측정한(65쪽) 엔지니어는 섬의 자오선을 태양이 통과하는 것으로 확인하려 하고 있지만, 기구도 아무것도 없는데 대체 어떻게 하려는 것일까? 하버트는 도무지 이해할 수가 없었다.

엔지니어는 천문 관측을 위해 필요한 모든 준비를 마쳤다. 우선 썰물 때 물이 빠져나가 완전히 평평해진 모래밭을 골랐다. 그곳에 세워진 6피트 길이의 막대기가 수직인지 아닌지 그것은 별로 중요하지 않았다. 오히려 엔지니어는 이 막대기를 남쪽, 즉 태양을 등진 방향으로 기울어지게 했다.

하버트는 태양이 섬의 자오선을 통과하는 시점, 바꿔 말하면 이 섬의 정오를 확인하기 위해 엔지니어가 어떤 방법을 쓸 지 비로소 깨달았다. 모래에 던져지는 막대기의 그림자를 이용하는 것이다. 이 방법이라면 특별한 기구 없이도 거의 정확한 결과를 얻을 수 있을 터였다.

막대기 그림자가 가장 짧아졌을 때가 정확히 정오가 되는 순간이다. 그림자가 점점 짧아지다가 다시 길어지는 순간을 포착하려면 그림자의 끝을 추적하면 된다. 그림자는 이 경우에 시계바늘의 역할을 하는 것이다.

시간이 되었다고 생각되자 엔지니어는 모래밭에 무릎을 꿇고 눈표가 될 작은 나무토막을 모래 속에 몇 개나 꽂아 넣고, 점점 짧아지는 막대기 그림자를 관찰하기 시작했다.

신문기자(엔지니어의 동행인 중 한 사람인)는 시계를 손에 들고 그림자가 가장 짧아졌을 때의 시간을 확인하려고 대기하고 있었다. 엔지니어가 작업하고 있는 4월 16일은 시태양시와 평균태양시가 일치하는 날이니까, 신문기자가 알려주는 시각은 워싱턴에 있을 경우의 시각과 같아진다.

그러는 동안에도 태양은 천천히 돌고 있었다. 막대기 그림자는 점점 짧아져갔다. 그림자가 다시 길어지기 시작했다고 여겨졌을 때 엔지니어가 물었다.

"몇 시지?"

"다섯 시하고 일 분." 신문기자가 곧 대답했다.

이제 남은 일은 작업 결과를 계산하는 것뿐이고, 이것은 아주 간단했다.

워싱턴의 자오선과 링컨 섬(신비한 섬)의 자오선에는 정확히 다섯 시간의 시차가 있었다. 링컨 섬이 정오일 때 워싱턴은 벌써 오후 다섯 시가 되어 있는 것이다. 그런데 지구 주위를 돌고 있는 것처럼 보이는 태양은 4분에 $1°$씩, 한 시간에 $15°$씩 움직인다. 여기에 다섯 시간을 곱하면 $75°$가 된다.

워싱턴은 서경 77도 3분 11초에 자리 잡고 있다. 즉, 경도의 출발점으로 삼고 있는 그리니치 자오선에서 77도 떨어진 지점에 있다. 따라서 링컨 섬은 서경 152도에 위치하고 있다는 말이 된다.

하지만 관찰의 오차를 고려하면, 링컨 섬은 남위 35도에서 40도 사이, 서경 150도에서 155도 사이에 있다고 말할 수 있을 것이다.

이렇게 해서 '신비한 섬'의 위도와 경도가 구해졌다.

마지막으로 언급할 점은, 경도를 구하는 방법에는 몇 가지가 있으며 또 상당히 다양하다는 것이다. 쥘 베른의 등장인물들이 사용한 방법은 그 중 하나(일명 '크로노미터(Chronometer) 이용 방법'으로 알려진 방법)에 불과하다. 그 외에도 수많은 방법이 있다. 그것은 여러분들이 알아내야 할 몫으로 남겨 두겠다.

04

도 로 의 기 하 학

❦

우리 인생의 $\frac{1}{4}$ 은 길 위에서 지낸다고 합니다. 우리는 늘 어딘가로 가고 어딘가에서 누군가와 만나고 또 다시 길을 떠나 어딘가로 돌아옵니다. 이렇게 많은 시간을 보내는 길에도 기하학이 숨어 있습니다.

그냥 아무런 느낌 없이 지나치게 되면 정말 아무 의미도 없지만 자그마한 의미를 부여하기 시작한다면 여러분들이 걷고 있는 길도 훌륭한 기하학 선생님이 될 것입니다.

이 장에서는 우리가 늘 걷는 길, 즉 도로와 관련된 기하학을 공부해보도록 합시다.

1. 걸음으로 측정하는 기술

시외로 산책을 나가 철로 근처나 도로를 걸으면서 여러분은 일련의 재미있는 기하학 문제를 풀 수 있다.

우선적으로 자신의 보폭과 걸음 속도를 재기 위해 도로를 이용할 수 있다. 그렇게 되면 걸음걸이로 거리를 측정할 수 있는데 이 기술은 조금만 연습하고 나면 쉽게 터득할 수 있다. 이때 중요한 것은 동일한 보폭으로 걷는 습관을 들이는 것, 즉 일정하고 '리듬감 있게' 걷는 습관을 들이는 것이다.

도로에는 매 $100m$ 마다 일정한 표시가 되어 있다. 보통의 '리듬감 있는' 걸음걸이로 이와 같은 $100m$ 거리를 걷고, 걸음 수를 세고 나면, 여러분은 자신의 평균 보폭을 쉽게 알아낼 수 있을 것이다. 이러한 측정은 매년 같은 시기에 측정해놓는 것이 좋다. 왜냐하면 보폭은 나이에 따라서 변하기 때문이다.

수많은 측정 결과 밝혀진 한 가지 재미있는 사실은 어른의 평균 보폭은 보통 눈에서 발끝까지의 키의 절반과 같다는 점이다. 예를 들어 어떤 사람의 눈에서 발끝까지의 키가 $1m40cm$라면, 그의 보폭은 약 $70cm$이다. 기회가 되면 이 규칙을 한번 실험해보는 것도 재미있을 것 같다.

자신의 보폭 외에 자신의 걸음 속도, 즉 한 시간 동안 몇 km를 걷는지 알아보는 것 역시 유익한 일이다. 때로는 걷는 속도를 재기 위해 한가지 규칙이 사용되기도 하는데, 그것은 우리가 한 시간 동안 걷는 km는 3초 동안의 걸음 수와 같다는 사실이다. 예를 들어 우리가 3초에 네 걸음을 걷는다면, 우리는 한 시간에 $4km$를 걷는다는 것이다. 하지만 이 규칙은 어떤 일정한 보폭일 경우에만 적용이 된다. 여기에서 그 보폭이 얼마인지 알아내는 것은 그리 어렵지 않다. 보폭을 x라고 하고, 3초간의 걸음 수를 n이라고 하면, 아래와 같은 식이 얻어진다.

$$\frac{3,600}{3} \cdot nx = n \cdot 1,000$$

여기에서 $1,200x=1,000$이고, $x=\frac{5}{6}m$, 다시 말해서 약 $80-85cm$이다. 이것은 상대적으로 커다란 보폭이다. 이와 같은 보폭으로 걷는 사람은 키가 큰 사람이다. 만일 당신의 보폭이 $80-85cm$가 아닐 경우 당신은 두 개의 도로 이정표 사이 거리를 몇 분 안에 걷는지 시계를 보며 잰 다음, 이것으로 당신의 걸음속도를 측정해야 한다.

2. 눈짐작(目測)

줄자 없이 보폭을 이용해서 거리를 측정하는 것도 때로는 귀찮거나 불가능할 수 있다. 그런 경우에 그냥 눈짐작으로 거리를 알아낼 수 있다면, 그 역시 유익하며 즐거운 일일 것이다. 하지만 이러한 기술은 수많은 연습을 통해서만 습득할 수 있다. 우리가 학교에 다닐 때만 해도 친구들과 교외로 여름 소풍을 갈 때면 우리는 그런 연습을 하는 놀이를 하며 놀곤 했다. 그 놀이는 우리가 직접 고안해낸 일종의 게임 형태로 진행되었는데, 그것은 누구의 눈짐작이 가장 정확한가 겨루는 게임 같은 것이었다. 우리는 길가로 나가 어떤 나무라든가 혹은 멀리 있는 어떤 물체까지 거리를 대략 눈짐작으로 살펴보면서 게임을 시작한다.

"저, 나무까지는 몇 걸음일까?" 게임 참가자 중 한 사람이 묻는다.

그러면 나머지 참가자들은 각자 어림잡은 걸음 수를 말한다. 그런 다음 참가자들은 모두 함께 나무까지 실제로 몇 걸음인지 세어보고, 실제 걸음 수에 가장 가깝게 말한 사람이 승자가 된다. 그리고 나면 승자가 눈대중으로 거리 맞추기 게임을 위한 다음 물체를 결정한다.

다른 사람들보다 정확하게 알아 맞춘 사람은 1점을 얻게 된다. 이런 식으로 10번에 걸쳐 게임을 진행한 다음 각자 얻은 점수를 모두 합해서 가장 많은 점수를 얻은 사람이 게임의 최종 승자가 된다.

지금도 기억난다. 게임 초기에 우리는 거리 측정에 있어서 말도 안 되는 실수를 연발했다. 하지만 얼마 지나지 않아 예상보다 훨씬 빨리 우리는 눈짐작으로 거리를 알아맞히는 기술을 습득하게 되었고, 자연히 실수도 거의 사라졌다. 다만 환경이 급변하는 경우, 예를 들어 텅 빈 들판에 있다가 몇 그루 나무가 있는 숲으로 이동할 경우나 관목이 무성한 초원으로 이동할 경우, 먼지 가득한 도시의 거리로 돌아올 경우, 한밤중에 달빛이 환할 경우, 우리는 눈짐작을 하는 데에 있어서 커다란 실수를 저지르곤 했다. 하지만 곧 모든 상황에 익숙하게 되면서 눈짐작으로 측정할

그림 1. 언덕 너머 나무는 가깝게 보인다.

때 그런 상황들을 머릿속에서 고려하게 된다. 마침내 아이들은 눈짐작으로 거리를 측정하는 데에 있어서 완벽에 도달하게 되었고, 결국 이 게임을 더 이상 하지 않게 되었다. 모두가 너무나도 잘 알아맞히는 바람에 게임을 해도 그다지 재미가 없었기 때문이다. 대신 우리는 눈짐작으로 거리를 재는 능력을 얻게 되었다.

흥미로운 점은 눈짐작 능력과 시력이 아무 관계가 없다는 사실이다. 우리 친구들 중에는 근시인 남자 아이가 하나 있었는데, 눈짐작의 정확도에 있어서 다른 어떤 애들보다 뒤지지 않았고, 가끔은 게임의 최종 승자가 된 적도 있었다. 그와 반대로 상당히 정상적인 시력을 지닌 한 친구는 눈짐작으로 거리 맞추기 실력이 도무지 나아지지가 않았다. 그 후로 나는 눈짐작으로 나무 높이를 알아맞히는 데에 있어서도 똑같은 상황을 목격할 수 있었다. 이제는 게임을 위해서가 아니라 전공의 필요성으로 인해

그림 2. 언덕 위로 올라갔지만, 나무까지는
아직도 그만큼의 거리를 더 가야 한다.

대학생들과 연습을 하는 과정에서 나는 눈짐작으로 나무 높이 알아맞히기 능력에 있어서 근시 학생들이 다른 학생들에게 조금도 뒤지지 않는다는 사실을 깨닫게 되었다. 분명 이러한 사실은 근시인 사람들에게 하나의 위안이 될 수 있다. 비록 시력에는 문제가 있지만 그들 역시 눈짐작으로 거리나 높이를 측정하는 능력을 충분히 발전시킬 수가 있는 것이다.

눈짐작으로 거리 측정하기 연습은 사계절 아무 때나, 또 어떤 상황에서도 할 수 있다. 도시의 거리를 걸으면서 여러분은 가장 가까운 가로등이나 이러저러한 물체까지 몇 걸음이나 될 지 알아맞히려고 하면서 눈짐작으로 측정하기 연습을 할 수 있다. 날씨가 좋지 않은 날 인적 끊긴 거리를 걷게 될 때 여기에 집중하다 보면 어느새 시간은 훌쩍 지나 있을 것이다.

이와 같이 눈짐작으로 거리를 대략 측정하는 일에 특히나 관심을 가지는 사람들이 있는데 바로 군인들이다. 이러한 능력은 정찰병, 저격병, 포병에게 반드시 필요하다. 군대에서 눈짐작으로 거리를 측정하는 능력 개발에 사용되는 내용을 알아보는 것도 흥미로운 일이다. 다음은 포병 교과서에 실린 내용 중 일부이다.

"거리를 눈짐작으로 측정하기 위해서는 목표에서 점차 멀어져 갔다가 그 거리가 확실히 보이는 정도와의 관계를 파악하는 연습을 한다. 혹은 목표에서 100걸음 내지 200걸음 떨어져 그 겉보기 크기로부터 거리를 측정하는데, 이 때 목표에서 멀어질수록 목표는 작게 보인다."

"물체가 확실히 보이는 정도에 따라 거리를 측정할 때 염두에 두어야 할 점이 있는데, 빛이나 조명을 받는 물체나 주변보다 색이 눈에 띄게 밝은 물체, 주변보다 높은 곳에 위치한 물체가 가깝게 느껴진다. 또 각각 떨어져있는 물체에 비해 몇 개가 한데 모여 있는 일단의 물체, 그리고 대체적으로 커다란 물체일수록 가깝게 보인다."

"다음의 특징을 기억해두면 편리하다. 50걸음 이내에서는 사람의 눈과 입을 명확하게 식별할 수 있다. 100걸음 이내에서는 눈이 점으로 보인다. 200걸음까지 거리에서는 군복의 단추나 세세한 부분을 그래도 식별할 수 있다. 300걸음까지 거리에서는 얼굴이 보이고, 400걸음까지 거리에서는 다리 움직임이 식별되고, 500걸음까지 거리에서는 군복색깔이 보인다."

이 때 상당히 예리한 눈을 가진 사람이라면 이러저러한 방향에서의 거리 오차를 10% 이내로 줄일 수 있다. 반면에 눈짐작으로 측정하는 데에 있어서 그 오차가 상당히 커지는 경우도 있다. 첫째, 완전히 단색인 평평한 평면, 즉 강이나 호수의 수면, 혹은 깨끗한 모래 평지, 초목이 무성한 초원 등에서 거리를 측정한 경우이다. 이때 거리는 실제보다 더 작게 느껴지기 때문에 우리는 눈으로 측정하면서 거의 두 배 정도의 실수를 하게 된다. 둘째, 물체의 아랫부분이 선로의 제방이나 언덕, 건물 등 대체적으로 어떤 높은 것에 의해 가려져 있을 때, 그런 물체까지의 거리를 측정할 경우에도 오차가 생기기 쉽다. 그런 경우 우리는 목표 물체가 높은 것의 뒤에 있는 것이 아니라 높은 것의 바로 위에 있다고 무의식적으로 생각해버리기 때문에 실제보다 거리를 가깝게 보는 실수를 범하게 된다(그림 1과 2).

이런 경우에는 눈짐작으로 거리를 재는 것이 위험하기 때문에 거리측정의 다른 방법들을 사용해야 하며, 그 방법들에 대해서는 이미 소개한 것도 있고, 앞으로 소개할 것도 있다.

3. 벽돌더미

도로변에 있는 벽돌더미도 마찬가지로 기하학자의 관심을 끄는 물체이다. 여러분 앞에 놓인 벽돌더미의 체적이 얼마일까 질문을 던져보면, 오직 노트나 칠판에서만 수학 문제를 풀었던 사람에게는 상당히 힘든 기하학 문제가 될 것이다. 높이와 반지름을 직접 재는 것이 불가능한 원뿔의 체적을 계산해야 하기 때문이다. 하지만 그 크기는 간접적인 방법으로도 잴 수 있다. 반지름은, 줄자나 끈으로 원주를 잰 다음, 그것을 6.28로 나눔으로써 얻을 수 있다.

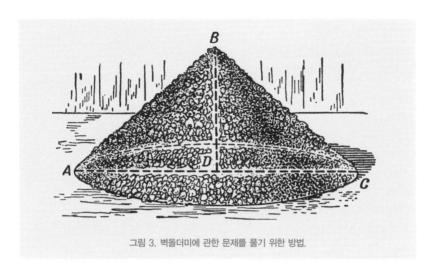

그림 3. 벽돌더미에 관한 문제를 풀기 위한 방법.

높이를 재는 것은 좀더 복잡하다. $\overline{AB}$ 의 길이를 재거나(그림 3), 현장감독들이 하듯이 모선의 2배인 ABC의 길이를 한번에 잰 다음(줄자를 더미 꼭대기에 걸치게 해서), 밑원의 반지름을 아는 상태에서 피타고라스의 정리에 따라 높이 $\overline{BD}$ 를 계산하면 된다. 예를 들어보자.

원뿔모양의 벽돌더미에서 그 저변 둘레는 $12.1m$이고, 두 개 모선의 길이는 $4.6m$이다. 이 더미의 체적은 얼마인가?

풀 이

벽돌더미의 밑원의 반지름은

$$12.1 \times 0.159 \ (\frac{12.1}{6.28} \text{ 대신에}) = 1.9m$$

이다.

높이는?

$$\sqrt{2.3^2-1.9^2} \coloneqq 1.3m$$

이고, 여기에서 더미의 체적은 $\frac{1}{3}\pi \cdot$ 반지름의 제곱 · 높이이므로

$$\frac{1}{3} \times 3.14 \times 1.9^2 \times 1.3 \coloneqq 4.9m^3$$

이다.

4. 웅장한 언덕

원뿔형 벽돌더미나 모래더미를 볼 때마다 러시아의 시인 푸쉬킨의 작품 『인색한 기사』에 언급된 동방민족의 고대 전설이 생각난다.

언젠가 내가 읽은 책에서,
황제는 어느 날 병사들에게
한줌씩 흙을 날라 언덕을 만들라 명했고,
드디어 웅장한 언덕이 높이 세워졌다.
황제는 그 꼭대기에 서서 흐뭇한 표정을 한 채
하얀 천막으로 뒤덮인 계곡과
많은 배들이 빠르게 움직이는 바다를 둘러볼 수 있었다.

이것은 언뜻 보기에는 맞는 말인 것 같지만, 실제로는 진실이라곤 눈곱만큼도 없는 몇 개의 전설 중 하나일 뿐이다. 만일 어떤 고대의 폭군이 이런 종류의 놀이를 했더라도 그는 아마 형편없는 결과에 실망했을 것이다. 이것은 기하학 계산으로 증명할 수 있다. 아마 황제 앞에는 너무나도 초

라한 흙더미가 만들어졌을 것이며, 그 어떤 상상력을 동원해도 그 흙더미를 전설적인 '웅장한 언덕'으로 돌변시키지는 못할 것이다.

대략적인 계산을 해보자. 고대 황제에게 병사들은 과연 몇 명이나 있었을까? 옛날 군대는 오늘날처럼 그렇게 많지는 않았다. 십만 명의 군대라면 수적으로 상당한 규모였다. 그렇다면 병사들이 십만이었을 것이라고 가정하자. 즉, 언덕이 십만 줌의 흙으로 만들어졌다는 말이다. 가능한 흙을 가득 집은 다음 컵 속에 옮겨 넣는다. 아마 여러분은 한줌의 흙으로 컵을 채울 수는 없을 것이다. 여기에서 고대 병사의 한줌은 $\frac{1}{5}(dm^3)$라고 가정하자. 그러면 언덕의 체적이 구해진다.

$$\frac{1}{5} \times 100{,}000 = 20{,}000 dm^3 = 20m^3$$

이다.

다시 말해서 언덕은 기껏해야 $20m^3$ 정도의 체적을 가진 원뿔형에 불과하다. 이러한 볼품없는 체적은 상당히 실망스러운 것이다. 그럼 언덕의 높이를 구하기 위해 계산을 계속해보자. 이를 위해서는 원뿔의 모선과 밑면이 이루는 각을 알아야 한다. 우리의 경우에서는 자연경사의 각, 즉 45°로 하자. 이보다 더 급격한 경사에서는 흙이 무너져 내리기 때문이다. 각을 45°라고 하면, 원추 높이는 그 밑면의 반지름과 같기 때문에,

$$20 = \frac{\pi x^3}{3},$$

따라서

$$x = \sqrt[3]{\frac{60}{\pi}} = 2.4m$$

가 된다.

높이가 $2.4m$ 정도(보통 사람 신장의 1.5배)인 흙더미를 '웅장한 언덕'이라고 부르려면 엄청난 상상력이 필요할 것이다. 만일 경사가 반 배 정도 낮아진다면, 결과는 이보다 훨씬 더 볼품없어진다.

아틸라 왕에게는 고대 역사상 가장 많은 수의 군대가 있었다. 역사가들은 그 수를 70만이라고 추측한다. 만일 이 군대 병사들이 하나도 빠짐없이 언덕 만들기에 참여했다고 한다면, 방금 우리가 계산했던 것보다는 더 높은 언덕이 만들어졌겠지만, 그렇다고 비교할 수 없을 정도로 엄청나게 높지는 않다. 왜냐하면 그 체적은 우리 경우보다 7배이므로, 그 높이는 우리 흙더미 높이보다 겨우 $\sqrt[3]{7}$배, 즉 1.9배가 되고, 그것은 $2.4 \times 1.9 = 4.6m$가 된다. 과연 이 정도 크기의 언덕이 아틸라 왕의 자존심을 만족시킬 수 있을까? 대답은 부정적이다.

이와 같이 높지 않은 언덕에 서서 '하얀 천막으로 뒤덮인 계곡'이 물론 보이기는 하겠지만, 이 언덕을 해안 가까이에 만들지 않는다면, 바다를 둘러보는 일은 불가능할 것이다.

이러저러한 높이에서 얼마나 멀리까지 보이는지에 대해서는 뒤에서 살펴보기로 한다.

5. 커브 길

도로든 철로든 어떠한 경우에도 급격하게 꺾어지는 경우는 없으며, 항상 한 방향에서 다른 방향으로 부드럽게 아치형으로 바뀐다. 그리고 이러한 아치(호)의 일부는 보통 도로의 직선 부분과 접하게 된다. 예를 들어 그림 4에서 직선부분인 $\overline{AB}$ 와 $\overline{CD}$ 는 점 B 와 점 C 에서 호 $\overline{BC}$ 에 접하는 상태로(기하학적 의미에서) 호 $\overline{BC}$ 에 연결되어 있다, 다시 말해서 $\overline{AB}$ 는 반지름 $\overline{OB}$ 와 직각을 이루고, $\overline{CD}$ 는 반지름 $\overline{OC}$ 와 직각을 이룬다. 이런 식으로 된 이유는 물론 도로가 직선 방향에서 곡선부분으로, 그리고 곡선에서 직선으로 부드럽게 바뀌도록 하기 위해서이다.

그림 4. 커브 길.

커브 길의 반지름은 흔히 무척 큰 편으로, 철도의 경우에는 최소 $600m$ 이며, 간선 철도에서 가장 흔히 볼 수 있는 커브 길의 반지름은 $1,000m$, 혹은 $2,000m$인 경우도 있다.

여러분은 이와 같은 커브 가까이에 선 채로 그 커브 길의 반지름을 구할 수 있겠는가? 이것은 종이 위에 그려진 호의 반지름을 구하는 것만큼 그리 쉽지가 않다. 도면 위에 있는 것은 간단하다. 임의의 두 현을 그리고, 그 중심에서 각각 수선을 세우고 나면, 알려진 것처럼, 그 교점이 원의 중심이 된다. 따라서 호의 한 점에서 이 원의 중심까지의 거리를 구하면 그것이 반지름 길이이다.

하지만 현장에서 이러한 도식을 그리는 것은 물론 대단히 불편한 일이다. 알다시피 원의 중심이 도로에서 $1 \sim 2km$나 떨어진 경우도 많고, 아예 접근이 어려운 경우도 종종 있기 때문이다. 평면도에서는 작도를 할 수 있겠지만, 평면도에 커브를 옮기는 것 역시 쉽지 않은 일이다.

하지만 이러한 모든 어려움은 반지름을 계산해냄으로써 쉽게 극복할 수 있다. 이를 위해 아래와 같은 방법을 사용할 수 있다. 우선 머릿속으로 원호 AB를 계속 늘려서 원을 만들어 보자(그림 5). 그런 다음 원호의 임의의 점들인 C와 D를 연결해서 현 CD의 길이를 재고, 마찬가지로 $\overline{EF}$의 길이(즉 궁형 CED의 높이)도 잰다. 바로 이 두 개의 자료에 따라 우리는 원의 반지름 길이를 어렵지 않게 구할 수 있다.

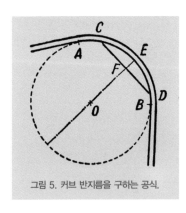

그림 5. 커브 반지름을 구하는 공식.

원의 지름을 직선 $\overline{CD}$ 의 할선(수직으로 나누는 선)이라고 본 다음, 현 CD 의 길이를 a, 원호의 높이를 h, 반지름을 R이라고 표기하면, 아래와 같은 식을 얻을 수 있다(내접하는 사각형의 특성으로부터).

$$\frac{a^2}{4} = h(2R - h)$$

이고, 따라서

$$\frac{a^2}{4} = 2Rh - h^2$$

이며, 구하고자 하는 반지름

$$R = \frac{a^2 + 4h^2}{8h}$$

이 된다.

예를 들어, 원호의 높이가 $0.5m$이고, 현의 길이가 $48m$일 때 구하는 반지름은

$$R = \frac{48^2 + 4 \times 0.5^2}{8 \times 0.5} \fallingdotseq 576m$$

이다.

R에 비해 h가 상당히 작기 때문에(알다시피 R은 수백 미터이지만, h는 수 미터에 불과하다) $2R - h$를 $2R$로 봐도 무리가 없기 때문에, 그 경우 위의 계산은 훨씬 단순화시킬 수 있다. 그럴 경우 계산하기에 편리한 아래 근사식이 얻어진다.

$$R = \frac{a^2}{8h}$$

이것을 방금 살펴본 경우에 적용시키면 같은 결과가 나온다.

$$R = 576.$$

커브의 반지름이 구해지고, 뿐만 아니라 원의 중심이 현의 중심을 지나는 수선 위에 있다는 것을 아는 상태에서 여러분은 도로 커브 중심의 위

그림 6. 철도 커브의 반지름을 구하는 방법.

치 역시 대략적으로 알 수 있다.

만일 철도에 레일이 깔려있다면, 커브 반지름은 훨씬 더 간단히 알아낼 수 있다. 실제로 안쪽 레일에 접해서 긴 줄을 뻗치면, 바깥쪽 레일로 이루어진 원호의 현이 생기며, 그 현의 높이 h (그림 6)는 레일의 폭과 같은 약 $1.44m$(실제로 우리나라의 레일의 간격은 $1.435m$이다-역자)이다. 그 경우 커브 반지름은(만일 a를 현의 길이라고 하면) 대략 다음과 같다.

$$R = \frac{a^2}{8 \times 1.44} \fallingdotseq \frac{a^2}{11.5}$$

a가 $120m$일 경우 커브 반지름은 $1,252m$가 된다. 실제 현장에서 이 방법을 사용하기에는

불편한 면이 있는데, 커브 반지름이 상당히 크기 때문에 현을 재기 위한 밧줄이 아주 길어야 하기 때문이다.

6. 대양의 밑바닥

도로 커브에 관해 말하다가 갑자기 바다 밑바닥이라는 주제로 넘어간다고 하니 어리둥절하게 생각하거나 어쨌든 잘 이해가 되지 않는 사람도 있을 것이다. 하지만 기하학에서는 이 두 개의 테마가 자연스럽게 연결된다.

여기에서 이야기할 주제는 바다 밑바닥이 어떤 형태를 하고 있느냐 하는 것이다. 움푹 패여 있을까, 아니면 평평할까, 아니면 볼록 튀어나왔을까? 엄청나게 깊은 대양이 움푹 파여 있지 않다고 말하면, 대다수 사람들은 틀림없이 믿지 않을 것이다. 하지만 우리가 이제부터 살펴보겠지만, 바다 밑바닥은 움푹 파여 있지 않을 뿐 아니라, 오히려 볼록 튀어나와있다.

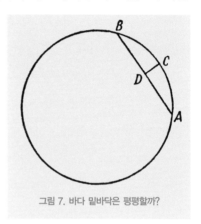

그림 7. 바다 밑바닥은 평평할까?

우리는 바다를 가리켜 '바닥이 보이지 않고, 광활하다' 고 생각하면서 바다의 광활함이 '바닥 보이지 않음' 보다 수백 배 더 크다는 사실을 망각한다. 다시 말해서 바다의 밑바닥이 아무리 깊더라도 바닷물 층과 함께 저 멀리까지 펼쳐져 지구 표면과 같은 곡선을 이루고 있다는 사실이다.

대서양을 예로 들어보자. 적도 부근의 대서양 폭은 전체 둘레의 대략 $\frac{1}{6}$에 달한다. 만일 그림 7의 원을 적도라고 한다면, 호 ACB는 대서양의 수면을 나타낸다. 만일 바닥이 평평하다면, 깊이는 호 ACB의 높이인 $\overline{CD}$와 같아질 것이다. 호 AB가 원주의 $\frac{1}{6}$임을 알고 있고, 따라서 현

AB가 원에 내접하는 정육각형의 한 변(알려진 것처럼 이것은 원의 반지름 R 과 같다)이라는 것을 알고 있는 상태에서 우리는 앞에서 살펴본 도로 커브 구하는 공식을 이용해서 $\overline{CD}$ 를 계산할 수 있다.

$R = \dfrac{a^2}{8h}$ 이며, 따라서 $h = \dfrac{a^2}{8R}$ 이다.

$a = R$ 임을 알고 있기 때문에 이 경우에는 다음의 식을 얻게 된다.

$h = \dfrac{R}{8}$

그래서 적도에서의 대서양 폭, $R = 6,400km$ 라면,

$h = 800km$ 가 된다.

그렇기 때문에 만일 대서양 밑바닥이 평평하다면, 그 최대 깊이는 $800km$ 가 되어야 할 것이다. 하지만 실제로 깊이는 $10km$도 채 되지 않는다. 바로 여기에서 우리는 다음의 결론을 얻을 수 있다. 즉 이 대양의 바닥은 전체 형태에 있어서 볼록 튀어나와있으며, 어느 정도는 수면의 튀어나온 정도보다 조금 덜 굽어져 있다.

이러한 점은 다른 대양(바다)들에서도 마찬가지이다. 바닥은 지구 표면에서 조금 굽어져 있을 뿐, 지구 전체의 구(球)형태는 그대로 유지된다.

우리가 앞에서 살펴본 도로 커브의 반지름 구하는 공식에서 알 수 있듯이, 바다가 광활하면 광활할수록 그 밑바닥도 더욱 더 볼록 튀어나오게 된다. 공식 $h = \dfrac{a^2}{8R}$ 을 살펴볼 때 대양이나 바다의 폭 a가 커짐에 따라 깊이 h는 a^2에 비례해서 아주 급격히 커진다는 사실을 알 수 있다. 그런데 작은 바다에서 좀더 큰 바다로 넘어갈 때 깊이는 그렇게 대단한 차이가 없다. 예를 들어 대양이 △△해(海)보다 100배 더 넓다고 해도 깊이가 100×100, 즉 10,000배까지 되지는 않는다. 그렇기 때문에 상대적으로 작

은 해(海)는 대양들보다 더 움푹 들어간 형태의 바닥을 가지게 되는 것이다. 크림반도와 소아시아 사이에 있는 흑해는 대양처럼 볼록 튀어나와있지 않고 평평하지도 않을 뿐만 아니라, 오히려 약간은 움푹 들어간 형태이다. 흑해의 수면은 약 $2°$ (정확히 말하면 지구둘레의 $\frac{1}{170}$)의 호를 이룬다. 흑해의 깊이는 균등하며 $2.2km$이다. 이 경우 호와 현의 길이를 같다고 가정하면, 평평한 바닥을 갖기 위해 이 바다는 아래와 같은 최대 깊이를 가져야 한다.

지구둘레는 $40,000km$이고, 반지름 R은 $6,400km$라고 했을 때

$$h = \frac{40,000 \times \frac{1}{170}}{8 \times 6,400} \fallingdotseq \frac{55,000}{51,200} \fallingdotseq 1.1km.$$

즉, 흑해의 실제 바닥은 상상의 평면보다도 $1km$ 이상 (2.2 − 1.1) 낮다. 다시 말해서 흑해 바닥은 볼록 튀어나온 게 아니라, 움푹 들어가 있다.

물로 만든 산(water mountain)이 있을까?

이 질문에 답하기 위해서는 앞에서 살펴본 도로 커브의 반지름 구하는 공식의 도움을 받아야 한다.

그림 8. 물로 만든 산(water mountain).

앞의 문제에서 알 수 있듯이 물로 만든 산은 존재하지만, 물리학적 의미가 아니라 기하학적 의미에서 그렇다는 것이다. 모든 바다뿐 아니라 모든 호수조차 일종의 물로 만든 산이다. 여러분이 호숫가에 서 있을 때 맞은편 호숫가 사이에는 물로 만든 산이 존재하며, 그 높이는 호수가 넓을수록 더 높아진다. 이 높이를 우리는 계산해낼 수 있다. $R = \dfrac{a^2}{8h}$ 로부터 높이 $h = \dfrac{a^2}{8R}$ 을 얻을 수 있다. 여기에서 a는 양쪽 호숫가 사이의 직선거리로써 호수 폭과 같다고 볼 수 있다(즉 현과 호가 같다고 볼 수 있다). 예를 들어 이 폭이 100km라고 하면, 물의 '산'의 높이는

$$h = \frac{10,000}{8 \times 6,400} \fallingdotseq 200m \text{ 가 된다.}$$

상당히 높은 물로 만든 산인 것이다!

폭이 10km인 작은 호수조차 그 산의 꼭대기는 양쪽 호숫가를 연결한 직선에서 2m로, 보통 사람의 신장보다 더 높다.

하지만 물이 볼록 튀어나온 이것을 '산'이라고 부르는 게 과연 맞는 말일까? 물리학적 의미에서는 아니다. 볼록 튀어나온 것이 평면에서는 일어나지 않기 때문이다. 다시 말해 수평면에서 보면 평평하다. 여기에서 호 ACB 밑에 있는 직선 $\overline{AB}$(그림 8)를 수평선이라고 생각한다면 옳지 않다. 수평선은 여기에서 $\overline{AB}$가 아니라 ACB이며, ACB는 고요한 물의 자유로운 평면이다. 그리고 직선 ADB는 수평면에 대해 기울어져 있다. 즉 $\overline{AD}$는 지구 표면에서 비스듬하게 내려가 점 D에서 가장 깊어지고, 그런 다음 다시 위로 올라와 점 B에서 대지(혹은 물)로부터 나온다.

그렇게 해서 ACB는 산처럼 보이지만(그림 8), 물리적인 의미에서는 평평하다. 원한다면 산이라고 할 수 있겠지만, 그것은 단지 기하학적 의미에서만 존재하는 것이다.

05

하늘과 땅이 만나는 곳

❧

바다를 항해하면서 멀리 바라보거나, 드넓은 평야를 걸어가다 보면 우리는 정말 아주 먼 곳에서 하늘과 바다 또는 하늘과 땅이 마주치는 것을 볼 수 있습니다. 정말로 하늘과 바다가 마주치는 것일까요? 아니면 우리 눈의 착시현상일까요?

수평선까지의 거리는 얼마일까요?

왜 기차 레일은 멀어지다가 결국은 만나는 것처럼 보일까요?

왜 등대는 높게 위치하고 있을까요?

어떤 날은 번개가 치고 천둥이 치는데 어떤 날은 번개만 보이고 또 어떤 날은 천둥만 치기도 하는데 그것은 왜 그럴까요?

여기에서는 수평선 그리고 지평선과 관련된 많은 문제들을 기하학으로 풀어보도록 합니다.

1. 지평선

초원이나 들판에 서 있으면 여러분은 지표면이 눈에 보이면서 커다란 원의 중심에 있는 자신의 모습이 보일 것이다. 이것이 지평선이다. 지평선은 붙잡을 수가 없는데, 여러분이 가까이 다가가면 지평선은 더욱 더 멀리 달아난다. 이렇듯 접근은 불가능하지만 그럼에도 불구하고 지평선은 현실적으로 존재한다. 지평선은 눈의 착각도 아니고, 환상도 아니다. 각각의 관찰 지점에는 그곳에서 보이는 지표의 일정한 경계가 있고, 이 경계 거리를 계산해내는 것은 그리 어렵지 않다. 지평선과 관련된 기하학 관계를 이해하기 위해 지구의 일부를 그려놓은 그림 1을 한번 보자, 점 C 는 지표면 위 높이 $\overline{CD}$ 에서의 관찰자 눈이다. 평평한 장소에서 이 관찰자는 얼마나 멀리 볼 수 있을까? 물론 시선이 지표면과 접하는 점 M, N 까지 인데, 더 먼 곳에서 땅은 시선보다 낮기 때문이다. 이들 점 M, N은 (그리고 원 MEN에 있는 다른 점들도) 지표의 보이는 부분의 경계인데, 즉 지평선을 형성하고 있다. 관찰자의 눈에는 마치 하늘이 땅에 의지하고 있는 것처럼 보이는데, 왜냐하면 이들 점에서 하늘과 땅의 물체들이 동시에 보이기 때문이다.

아마도 그림 1이 현실의 맞는 모습이 아니라고 느낄 수도 있다. 실제로 지평선은 항상 눈높이에 있는데, 그에 반해 그림에서는 원이 관찰자보다 확실히 더 아래에 있기 때문이다. 정말로 우리는 지평선이 우리 눈과 같은 높이에 있고, 또 우리가 위로 올라갈 때 지평선도 우리와 함께 따라 올라간다고 느끼기조차 한다. 하지만 그것은 착각이다. 실제로 지평선은 그림 1에 나타난 것처럼 항상 눈보다 아래에 있다. 하지만 점 C에서 그은 반지름에 직각인 직선 $\overline{CK}$가 직선 $\overline{CM}$, $\overline{CN}$과 이루는 각도 (이 각도를 '지평부각'이라고 부른다)는 대단히 작아서 도구 없이는 잴 수가 없다.

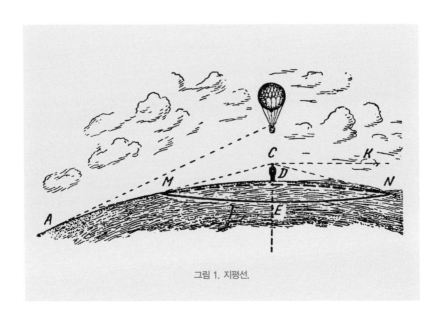

그림 1. 지평선.

말이 나온 김에 또 하나의 흥미로운 상황에 대해서도 언급하고 넘어가자. 방금 전에 우리는, 관찰자가 지표 위로 올라갈 때, 예를 들면 비행기를 타든가 해서 위로 올라갈 때 지평선이 눈높이에 머물러있는 것처럼 느낀다고 말했다. 다시 말해서 관찰자와 함께 따라 올라가는 것 같다고 말했다. 만일 관찰자가 상당히 높게 위로 올라가게 되면, 비행기 아래 땅이 지평선보다 낮다고 느낄 것이다. 즉, 땅은 마치 국그릇 모양으로 움푹 꺼진 것처럼 보일 것이며, 국그릇의 가장자리가 지평선이 된다. 이러한 사실에 대해 에드가 포우는 공상소설 『한스 푸팔의 모험』에서 잘 묘사하고 또 설명해주고 있다.

비행사인 소설 속 주인공은 말한다.

"무엇보다 나를 놀라게 한 것은, 지표면이 움푹 파인 것처럼 보인다는 사실이었다. 나는 위로 올라가면 틀림없이 지표면이 튀어나올 것이라고 예상했기 때문이다. 곰곰이 생각해본 뒤에야 나는 이 현상에 대한 풀이를 찾을 수 있었다. 내 기구에서 땅까지 연직선(중력의 방향, 즉 수평면과 수직을 이루는 직선)을 그으면 이것은 수선이 된다. 그러면 이 수선의 밑에서 지평선까지의 선이 밑변이 되고, 그 지평선 끝에서 내 기구까지의 선이 빗변이 되는 직각 삼각형이 만들어진다. 하지만 시계(視界)에 비해 내 높이는 아주 미미하다. 다시 말해서 상상 속의 직각 삼각형의 밑변과 빗변은 연직인 수선에 비해 대단히 크기 때문에 거의 평행이라고 생각해도 된다. 그래서 비행기 바로 아래에 있는 각각의 점은 항상 지평선 보다 낮게 보이는 것이다. 또한 그 때문에 움푹 꺼진 듯한 인상을 받게 된다. 그리고 삼각형의 밑변과 빗변이 평행으로 보이지 않을 정도로 높이 올라갈 때까지 지면이 움푹 꺼져 보이는 느낌은 계속된다."

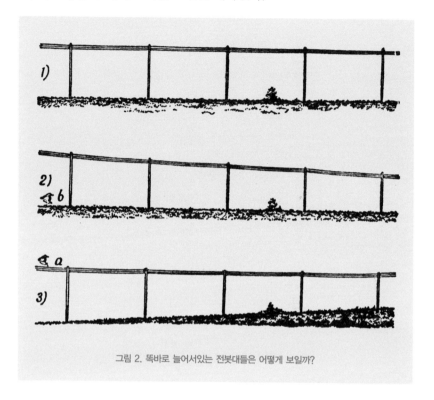

그림 2. 똑바로 늘어서있는 전봇대들은 어떻게 보일까?

이 설명에 추가해서 다른 예 하나만 더 들어보자. 똑바로 서 있는 전봇대들이 있다고 상상해보자(그림 2의 1)). 전봇대 아래 부분의 점 b 에 있는 눈에는 2) 그림처럼 보인다. 하지만 전봇대 꼭대기의 점 a 에 있는 눈에는 3) 그림처럼 보인다. 즉, 땅이 지평선 근처에서 약간 들어올려진 것처럼 느껴진다.

2. 수평선 위의 배

바다나 커다란 호수의 가장자리에서 수평선 너머로부터 모습을 드러내는 배를 관찰하다 보면, 우리는 배가 실제 위치한 지점이 아니라(그림 3), 그보다 훨씬 가까운 점 B에 있는 것처럼 느껴진다. 그냥 무심히 바라볼 때 배가 수평선 너머가 아니라 점 B에 있다는 인상을 떨쳐버리기는 어렵다.

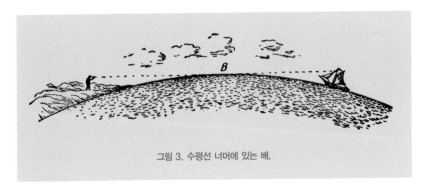

그림 3. 수평선 너머에 있는 배.

하지만 망원경을 통해서 보면 이 거리의 차이는 훨씬 더 명확해진다. 망원경은 가까운 물체와 멀리 있는 물체를 동시에 확실하게 보여주지 않는다. 멀리 초점을 맞추면 가까운 물체는 흐릿하게 보이며, 반대로 가깝게 초점을 맞추면 멀리 있는 것이 어렴풋하게 보인다. 그렇기 때문에 만일 상당히 배율이 높은 망원경으로 수평선을 바라보면서 수면이 확실히 보이도록 초점을 맞추면, 배는 멀리 있음을 보여주면서 희미한 윤곽으로 보일 것이다(그림 4). 그와 반대로 수평선 아래 반쯤 가려진 배의 윤곽이 확실히 보이도록 망원경을 맞춰 놓으면, 수평선 근처 수면이 앞에서처럼 확실히 보이지 않고, 안개 속에 있는 것처럼 그려진다(그림 5).

| 그림 4. | 망원경으로 본 지평선 너머 배의 모습. | 그림 5. |

3. 지평선까지 거리

관찰자의 위치에서 지평선까지는 얼마나 멀까? 다시 말해서 평지에서는 자신이 원의 중심에 있는 것처럼 보이는데, 그 원의 반지름은 얼마나 될까 하는 것이다. 지표면에서 관찰자의 눈까지의 높이를 안다고 할 때 지평선까지 거리는 어떻게 구할 수 있을까?

이것은 관찰자의 눈에서 지표면까지 그은 접선 $\overline{CN}$ 의 길이를 구하는 문제이다(그림 6). $\overline{CN}^2 = (R+h)^2 - R^2$에서 접선의 제곱은 $h(h+2R)$과 같은데 여기에서 R은 지구의 반지름이다. 지구 위 눈높이는 보통 지구의 지름 (2R)에 비해 대단히 작다. 예를 들어 비행기로 아무리 높이 올라간다 해도 지구 지름의 0.001 정도 밖에 되지 않는다. 따라서 $2R+h$는 $2R$로 보아도 되며, 그러면 식은 단순화된다.

$$\overline{CN}^2 = h \cdot 2R$$

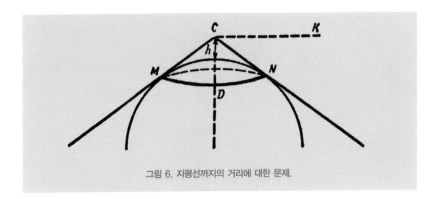

그림 6. 지평선까지의 거리에 대한 문제.

즉, 지평선까지 거리는 아주 간단한 식으로 구할 수 있다.

지평선까지 거리 $= \sqrt{2Rh}$

여기에서 R은 지구 반지름(약 $6,400km$, 정확히는 $6,371km$)이고, h는 지표면 위 관찰자의 눈높이이다.

$\sqrt{6400} = 80$ 이기 때문에 식은 다음의 형태를 띤다.

지평선까지 거리 $= 80\sqrt{2h} = 113\sqrt{h}$

여기에서 h는 반드시 km로 나타내야 한다.

이것은 단순화시킨 순수하게 기하학적인 계산이다. 실제 지평선까지 거리는 '대기차' 라고 하는 물리적 요인의 영향을 받으므로 그것을 고려해야 한다. 그러면 지평선까지 거리는 계산치보다 약 $\frac{1}{15}$ (6%) 가량 증가한다. 여기에서 6%라는 수치는 평균치일 뿐이다. 지평선까지 거리는 아래와 같은 여러 조건에 따라 어느 정도 멀어지거나 가까워진다.

멀어지는 경우:	가까워지는 경우:
높은 기압일 때	낮은 기압일 때
지표 근처일 때	높은 곳일 때
추운 날씨일 때	따뜻한 날씨일 때
아침과 저녁에	낮에
습한 날씨일 때	건조한 날씨일 때
바다 위에서	육지 위에서

평지에 있는 사람은 얼마나 멀리까지 내다볼 수 있을까?

풀 이

어른의 눈이 지표로부터 $1.6m$ 혹은 $0.0016km$ 높이에 있다고 한다면
지평선까지 거리 $= 113\sqrt{0.0016} = 4.52km$.
앞에서 말한 것처럼 지평선까지 거리는 대기차로 인해 6% 증가하므로 이
부분을 고려하면 $4.52km$에 1.06을 곱해야 한다.
$4.52 \times 1.06 \fallingdotseq 4.8km$.
그렇게 해서 평균 키의 어른은 평지에서 $4.8km$까지 볼 수가 있다. 이 사람
이 볼 수 있는 원의 지름은 겨우 $9.6km$이고, 면적은 $72km^2$이다. 이것은
저 멀리 펼쳐진 광활한 초원을 묘사하거나 할 때 흔히 사람들이 생각하는
것보다 훨씬 작다.

보트에 앉아있는 사람의 눈에 바다는 얼마나 멀리까지 보일까?

풀 이

만일 보트에 앉아있는 사람의 수면에서의 눈높이를 $1m$, 즉 $0.001km$ 라고 한다면, 지평선까지 거리는 다음과 같다.

$$113\sqrt{0.001} \fallingdotseq 3.57km$$

혹은 만일 평균 대기차를 고려한다면 대략 $3.8km$가 된다. 그보다 멀리 있는 물체는 윗부분만 보일 것이고, 아랫부분은 지평선 너머로 가려질 것이다.

4. 고골의 망루

올라가는 높이와 시계거리(지평선까지 거리) 중에 어느 것이 더 빨리 증가할까? 흥미로운 질문이다. 많은 사람들은 관찰자가 높이 올라갈수록 더욱 멀리 볼 수 있을 거라 생각한다. 예를 들어 고골(19세기 러시아작가-역자) 역시 그렇게 생각했다. 그는 「우리 시대의 건축」이라는 글에서 이렇게 쓰고 있다.

거대한 망루들은 도시에 꼭 필요하다……. 현재 있는 것은 보통 시내 전체만을 조망할 수 있을 정도의 높이에 불과하다. 하지만 한 나라의 수도라면 적어도 150 베르스타 베르스타는 1.0668km이므로, 150 베르스타는 160km이다. 정도는 사방으로 볼 수 있어야 한다. 그러기 위해서는 대략 한 개 층이나 두 개 층 정도만 더 높이면 완전히 바뀔 것이다. 원래 전망이라는 것은 높이 올라감에 따라 더 멀리 보이기 때문이다.

과연 실제로도 그럴까?

시계거리 $=\sqrt{2Rh}$

라는 공식만 보아도, 관찰자의 위치가 높아짐에 따라 보이는 거리가 엄청나게 빨리 증가해서 아주 멀리까지 보일 것이라는 확신이 틀렸음을 알 수 있다. 그와는 반대로 시계거리는 올라가는 높이보다 더 느리게 증가한다. 예를 들어 관찰자의 높이가 100배 증가할 때 지평선은 겨우 10배 더 멀어질 뿐이며, 높이가 1,000배 증가해도 지평선은 겨우 31배 더 멀어질 뿐이다. 그렇기 때문에 대략 한 개 층이나 두 개 층 정도만 높이면 완전히 바뀔 것이라는 생각은 틀린 것이다. 만약 8층짜리 건물에다가 두 개 층을 더 높인다고 해도 시계거리는 $\sqrt{\dfrac{10}{8}}$, 즉 1.1배, 다시 말해서 겨우 10% 정도가 늘어날 뿐이다. 거의 변화를 느낄 수 없을 정도이다.

'적어도 150 베르스타', 즉 $160km$ 정도를 볼 수 있는 망루 건축에 대한 그의 생각에 대해 말하자면, 결코 실현되기 어려운 생각이다. 고골은 물론 그런 망루의 높이가 얼마나 높아야 하는지 전혀 몰랐을 것이다.

실제로 다음의 식에서

$160 = \sqrt{2Rh}$

우리는 다음을 얻을 수 있다.

$h = \dfrac{160^2}{2R} = \dfrac{25,600}{12,800} = 2km.$

이것은 거대한 산의 높이이다. 상트페테르부르크에서 가장 높은 건물은 32
층짜리 행정부 건물로서 높이가 $280m$인데, 고골이 원하는 것보다 7배나
더 낮은 높이이다.

5. 레일들은 어디에서 만날까?

여러분은 저 멀리 사라지는 레일이 점차 좁아지는 것을 본 적이 있을 것
이다. 하지만 이 두 개의 레일이 마지막에 서로 만나게 되는 지점을 본 적
이 있는가? 그보다도 그런 점을 본다는 것이 가능한 일일까? 이제 여러분
은 이런 문제를 해결할 수 있을 만큼 충분한 지식을 가지고 있다.

풀 이

앞에서 언급했듯이, 각각의 물체는 $1'$의 시각으로 보일 때, 다시 말해서 자
기 지름의 3,400배만큼 멀어져 있을 때, 정상 시력을 가진 사람의 눈에 하
나의 점으로 변한다. 두 레일의 간격은 $1.44m$이다. 즉 두 레일은 1.44 ×
3,400 = $4.9km$ 거리에서 하나의 점으로 보이게 된다. 다시 말해서 우리가
$4.9km$ 거리에서 레일을 볼 수 있다면, 우리는 이 두 개가 하나의 점으로
만나는 것을 목격할 수 있을 것이다. 하지만 평지에서 지평선은 $4.9km$ 보
다 더 가깝게 있는데, 즉 겨우 $4.4km$ 거리에 있다. 따라서 정상 시력을 가
진 사람은 평지에 서 있는 경우 두 레일이 만나는 지점을 볼 수가 없다. 그
가 두 레일이 만나는 것을 볼 수 있는 경우는 다음의 경우일 뿐이다.

1) 시력이 나빠서 $1'$보다 큰 시각에서 물체가 하나의 점으로 합쳐질 때

2) 열차 선로가 수평이 아닐 때

3) 관찰자의 눈이 땅보다 $190cm$ 올라왔을 때

$$\frac{4.9^2}{2R} = \frac{24}{12,800} = 0.0019km,\ \text{즉 } 190cm.$$

6. 등대에 관한 문제

해안에 등대가 있는데, 등대 꼭대기는 해면보다 $40m$ 높은 곳에 있다. 만일 어떤 배의 선원이 해면에서 $10m$ 높이의 돛대 위에 있다면, 어느 정도 거리에서 이 배가 등대를 볼 수 있을까?

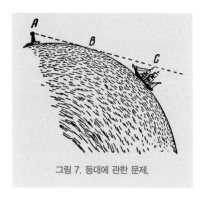

그림 7. 등대에 관한 문제.

풀 이

그림7에 그려진 것처럼, $\overline{AB}$와 $\overline{BC}$ 두 부분으로 이루어진 선분 $\overline{AC}$의 길이를 구하는 문제이다.

$\overline{AB}$부분은 $40m$ 높이의 등대가 보이는 시계 거리(지평선 거리)이며, $\overline{BC}$는 높이 $10m$에서의 시계거리이다. 따라서 구하는 거리는 다음과 같다.

$113\sqrt{0.04} + 113\sqrt{0.01} = 113(0.2 + 0.1) = 34km.$

그렇다면 선원은 $30km$ 거리에서 등대의 어느 부분을 보게 될까?

그림 7을 보면 문제를 푸는 순서가 명확해진다. 우선 $\overline{BC}$ 길이를 구해야 하며, 그런 다음 전체 길이인 $\overline{AC}$, 즉 30km에서 얻어진 결과를 빼면, $\overline{AB}$ 거리를 알아낼 수 있다. $\overline{AB}$를 아는 상태에서 우리는 시계 거리가 $\overline{AB}$인 등대 높이를 계산해낼 수 있을 것이다. 이 모든 계산을 하면 다음과 같다.

$50 = 113\sqrt{0.01} = 11.3km$

$30 - 11.3 = 18.7km$

시계거리 $= \sqrt{2Rh}$에서

높이$(h) = \dfrac{18.7^2}{2R} \fallingdotseq \dfrac{350}{12,800} \fallingdotseq 0.027km.$

즉, 30km 거리에서는 등대 높이 27m까지는 보이지 않고, 13m 부분만이 보일 뿐이다.

7. 번개

여러분 머리 위 1.5km 높이에서 번개가 번쩍하고 빛났다. 여러분이 있는 위치에서 어느 정도 거리까지 번개 치는 것이 보였을까?

1.5km 높이의 시계거리를 계산하면 된다(그림 8).
$113\sqrt{1.5} \fallingdotseq 138km.$

다시 말해서 만일 평지에 눈높이를 맞춘다면, 번개는 138km 거리에 있는 사람의 눈에까지 보인다(6%수정을 고려하면 146km거리까지 보이게 된다). 146km 떨어진 지점에서 번개는 지평선 바로 그곳에서 보일 것이다. 하지만 이렇게 먼 거리에서 소리는 들리지 않기 때문에 굉음이 없이 번개만이 관찰될 것이다.

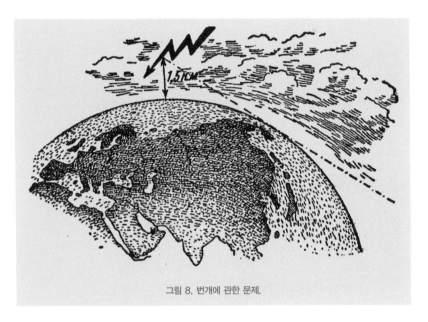

그림 8. 번개에 관한 문제.

8. 달에서의 수평선

지금까지 우리가 한 모든 계산은 지구에 관한 것이었다. 그런데 만일 관찰자가 지구가 아닌 별, 예를 들면 달의 어느 평지에 있게 된다면 지평선 거리(시계거리)는 어떻게 변할까?

이 문제 역시 같은 공식에 따라 풀어야 한다. 시계거리는 $\sqrt{2Rh}$ 인데, 이 경우에는 $2R$이 지구 지름이 아니라 달의 지름이 되어야 한다. 달의 지름이 $3,500km$ 이므로 눈이 지면보다 $1.5m$ 높을 때 우리는 다음과 같은 식을 얻을 수 있다.

$$시계거리 = \sqrt{3,500 \times 0.0015} \fallingdotseq 2.3km.$$

달의 평지에서 우리 눈에는 $2\frac{1}{3}km$ 앞까지 보이게 될 것이다.

9. 달의 크레이터(분화구)안에서

일반적인 망원경을 통해 달을 관찰하다 보면, 지구에는 없는 일명 크레이터(crater)들이 달에 수없이 많이 있음을 알 수 있다. 그 중에서도 가장 거대한 크레이터 중 하나인 '코페르니쿠스 크레이터'는 바깥쪽 지름이 $124km$, 안쪽 지름이 $90km$나 된다. 이 크레이터의 원형축의 가장 높은 지점은 안쪽 분지의 지면에서 그 높이가 $1,500m$이다. 그렇다면 만일 여러분이 안쪽 분지의 중간 부분에 서 있다면, 여러분이 서 있는 위치에서 이 원형축이 보이겠는가?

이 문제에 답하기 위해서는 크레이터 원형축의 가장 높은 곳, 즉 $1.5km$ 높이의 시계거리를 계산해야 한다. 달에서의 시계거리는 $\sqrt{3,500\times1.5}$, 즉 대략 $23km$가 된다. 여기에다가 평균 신장의 사람의 시계거리를 더하면, 원형축이 가려지는 거리가 얻어진다.

$23 + 2.3 = $ 약 $25km$.

그런데 축의 중심이 그 가장자리로부터 $45km$ 떨어져 있으므로, 이곳에서 크레이터는 보이지 않는다.

10. 목성에서

지구보다 지름이 11배인 목성에서 시계거리는 얼마나 될까?

풀 이

만일 목성이 딱딱한 지면으로 덮여있고, 평평한 표면을 가지고 있다면, 목성의 평지에 있는 사람은 저 멀리 $15km$까지 볼 수 있다.

$\sqrt{11\times12,800\times0.0016} \fallingdotseq 15km$.

북극성을 어떻게 찾을까?

언젠가 이 책의 저자인 나는 평범치 않은 미래를 꿈꾼 적이 있었다. 내가 탄 배가 전복되어 조난을 당하는 그런 상상이었다. 한마디로 나는 로빈슨 크루소가 되고 싶었다. 만약 이 소망이 이루어졌다면 이 책이 지금보다 더 재미있게 쓰였을 수도 있고, 아니면 아예 쓰여지지 못했을 지도 모른다. 물론 나는 로빈슨 크루소가 되지는 못했다. 그렇다고 아쉬워하지는 않는다. 하지만 소년 시절 나는 반드시 로빈슨 크루소가 될 것이라고 믿어 의심치 않았기 때문에 그에 대한 준비를 꼼꼼하게 했다. 알다시피 로빈슨 크루소는 다른 직업을 가진 사람에게는 그리 필요치 않은 여러 지식과 기술을 습득하고 있어야 하기 때문이다.

그렇다면 난파를 당해 무인도로 떠내려간 사람이 제일 먼저 해야 할 일은 무엇일까? 그렇다. 자신이 본의 아니게 살게 된 땅의 지리적 위치, 즉 위도와 경도를 알아내는 일이다. 그러나 유감스럽게도 과거의 로빈슨, 현대의 로빈슨에 관한 대다수 이야기 속에서 이것에 관한 부분은 지나칠 정도로 짤막하다. 『로빈슨 크루소 이야기』에서는 이에 대해 단 한 줄, 그것도 괄호 속에서 언급하고 있을 뿐이다.

"내가 있는 섬의 위도는(그러니까 내가 계산한 바에 따르면 북위 9°22′)······"

그 당시 나의 상상의 미래를 위해 필요한 각종 지식을 섭렵하고 있던 나는 너무나 볼품없는 설명에 실망을 금치 못했다. 쥘 베른의 『신비한 섬』에서 이 비밀이 드디어 밝혀질 때 나는 이미 무인도의 외로운 거주자라는 지위를 포기할 준비를 하고 있었다.

물론 나는 내 독자들을 로빈슨 크루소로 만들려는 것은 아니다. 하지만 여기에서 위도를 구하는 간단한 방법을 살펴보는 일은 의미가 있다고 생각한다. 이러한 지식은 비단 무인도 거주자에게만 필요한 것이 아니기 때문이다. 아직도 지도에 표시되지 않은 수많은 지역들이 있기 때문에(게다가 자세한 지도가 항상 손안에 있는 것도 아니고) 위도를 구하는 방법에 대한 지식은 독자 여러분에게 도움이 될 수도 있을 것이다.

오늘날에도 여전히 지도상에 없는 수많은 장소가 있다. 자기가 거주하는 지역의 지리적 위치를 처음으로 알아내는 로빈슨 크루소가 되기 위해 반드시 바다로 모험을 떠날 필요는 없다는 말이다.

위도 구하는 방법은 상대적으로 간단하다. 맑은 날 밤 별이 빛나는 하늘을 바라보면, 별들이 천구에서 기울어진 원을 천천히 그리고 있음을 알 수 있다. 마치 둥근 하늘 전체가 비스듬히 고정된 보이지 않는 축을 중심으로 회전하고 있는 듯하다. 물론 실제로는 우리가 지구와 함께 반대쪽으로 지축 주위를 회전하고 있지만 말이다. 북반구의 천구에는 유일한 점이 정지해있는데, 지구의 자전축을 연장한 선과 천구가 만나는 점이다. 이 천구의 북극은 작은곰자리의 꼬리 끝에서 선명하게 빛나는 별, 즉 북극성으로부터 멀지 않은 곳에 있다. 우리 북쪽 하늘에서 북극성을 찾으면 천구의 북극의 위치도 찾을 수 있는 것이다. 누구나 알고 있는 큰곰자리 위치를 먼

저 찾으면 북극성을 찾는 것은 어렵지 않다. 그림 9에 나온 것처럼 큰곰자리의 끝의 별들을 연결하는 선을 연장하면 북극성을 찾을 수 있다.

위도를 알아내기 위해 우리에게는 또 하나의 천구상의 점이 필요한데, 바로 '천정'이라고 하는 여러분의 머리 위에 있는 점이다. 다시 말해서 천정은 관측자의 머리끝을 계속 연장하여 천구와 만나는 점을 말한다. 관측자가 서 있는 지점에서 천정과 천구의 북극을 연결하는 천구상의 호의 크기를 각도로 나타내면, 그 장소에서 지구 북극까지의 거리를 나타내는 각도가 된다. 만약 여러분의 천정이 북극성으로부터 30° 떨어져있다면, 여러분은 지구 북극으로부터 30° 떨어진 것이 되고, 즉 적도에서는 60° 떨어져있는 것이 되므로, 다시 말해서 여러분은 북위 60°에 있는 것이다.

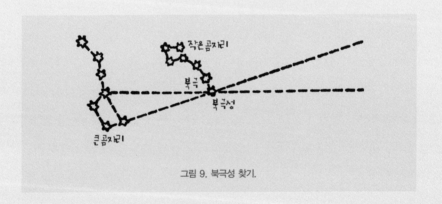

그림 9. 북극성 찾기.

따라서 어느 지점의 위도를 찾기 위해서는 북극성의 '천정거리'를 각도로 재기만 하면 된다. 그런 다음 90°에서 그것을 빼기만 하면 위도가 구해진다. 실제로는 다른 식으로 해도 된다. 천정과 지평선 사이의 호는 90°이기 때문에 북극성의 천정거리를 90°에서 빼면 북극성과 지평선 사이의 호의 길이를 구할 수 있게 된다. 다시 말해서 지평선으로부터의 북극성의 고도를 구하는 것이다. 그러니까 어떤 장소의 위도는 이 장소의 지평선으로부터의 북극성 고도와 같다는 말이다.

이제 여러분은 위도를 구하기 위해 무엇을 해야 하는지 알았을 것이다. 맑은 밤하늘이 되기를 기다린 다음 하늘에서 북극성을 찾아내서 지평선에서의 고도를 재면 여러분이 있는 장소의 위도를 구할 수 있다. 만일 정확하게 하고 싶다면 북극성이 천구의 북극과 엄격하게 일치하는 것이 아니라 $1\frac{1}{4}°$ 떨어져있다는 사실을 염두에 두어야 한다. 그러니까 북극성은 완전히 정지해있는 것이 아니라, 정지해있는 천구의 북극을 중심으로 $1\frac{1}{4}°$의 작은 원을 그리고 있는 것이다. 북극성의 가장 높은 위치와 가장 낮은 위치에서의 고도를 구한다음 그 두 개의 평균을 내면, 그것이 바로 천구의 북극의 진짜 고도이며, 또 그 지점의 구하는 위도가 된다.

만일 그렇다면 반드시 북극성을 선택할 필요가 없게 된다. 지평선 너머로 숨지 않은 아무 별이나 골라서 별이 가장 높이 있을 때와 가장 낮게 있을 때 고도를 잰 다음 평균을 내면 결과적으로 우리는 그 지점의 위도를 구할 수 있는 것이다. 그런데 이 때 우리는 선택한 별이 가장 높이 있는 순간과 가장 낮게 있는 순간을 잘 포착해야 하는데, 상당히 번거로운 일이다. 게다가 하룻밤 동안 이런 관찰을 항상 할 수 있는 것도 아니다. 바로 그렇기 때문에 대강의 위도를 재기 위해서는 북극성이 천구의 북극에서 조금 벗어나있다는 것에 개의치 말고 북극성을 이용하는 편이 낫다.

지금까지 우리는 북반구에 있는 우리의 모습을 상상해 보았다. 그럼 남반구에 있게 될 경우에는 어떻게 해야 할까? 천구의 북극 고도가 아니라 남극고도를 구한다는 것만 빼면, 모든 것이 똑같다. 그런데 유감스럽게도 남극 가까이에는 북극성과 같은 밝은 별이 없다. 유명한 남십자성도 남극에서 상당히 멀리 떨어져 빛나고 있기 때문에 위도를 재기 위해 이 별자리를 이용한다면, 최대 고도와 최소 고도의 평균을 구해야 한다.

쥘 베른의 소설에 나오는 등장인물들은 자신들의 '신비한 섬'의 위도를 구할 때 바로 이 아름다운 남십자성을 이용했다.

06

원예 대한 지식의 과거와 현재

❦

원에 대한 정의는 백과사전에 '평면상의 한 점에서 일정한 거리에 있는 평면상의 점으로 이루어지는 곡선' 이라고 정의되어 있습니다.

한 점에서 일정한 거리에 있는 점들의 연결인 원은 아마도 세상에서 가장 유용하게 사용되고 있는 도형 중 하나일 것입니다. 바퀴의 발명이 교통수단을 획기적으로 변화시키는데 이바지 했다는 것은 누구나 알고 있는 사실입니다. 원이 없었다면 아마도 바퀴라는 것도 없었을 것입니다. 그렇게 원이라는 개념은 세상을 바꾸는 중요한 의미였습니다.

원은 우리의 일상생활에서도 매우 유용하게 쓰이고 있습니다. 그렇기 때문에 원에 대해서 고대 때부터 많은 관심을 갖고 있었습니다. 이번 장에서는 원에 대한 고대와 현대의 생각을 정리하면서 원과 관련된 기하학을 알아보도록 합시다.

.

1. 난 그걸 알아요, 잘 기억하고 있어요

고대 아라비아 수학자 무하마드 벤 무사는 『대수학』에서 원둘레 길이 계산에 대해 이렇게 쓰고 있다.

"가장 좋은 방법은 지름에다가 $3\frac{1}{7}$ 을 곱하는 것이다. 이것이 가장 빠르고 가장 손쉬운 방법이다. 그 외 더 좋은 방법이 있다면 하느님만이 알 것이다."

하지만 오늘날 우리는 아르키메데스의 수 $3\frac{1}{7}$ 이 지름에 대한 원둘레 길이의 비를 그다지 정확히 나타내지 않는다는 사실을 알고 있다. 이 비는 분수로 나타낼 수 없다는 사실이 이론적으로 증명이 되었기 때문이다. 우리는 단지 대략적으로 그것을 쓸 수 있을 뿐이다. 16세기 네덜란드 라이덴의 수학자 루돌프는 파이 값을 소수점 이하 35자리까지 계산해서 그것을 자기 비석에 새겨달라고 유언했다. 이때까지만 해도 π라는 기호가 아직 통용되지 않았다. 이 기호는 유명한 러시아 수학자 레오나르도 파블로비치 에일러에 의해 18세기 중엽이 되어서야 도입되기 시작했다. (그림 1)

그림 1. 수학적인 무덤 비문.

그것은 다음과 같다.

3.14159265358979323846264338327950288······

그 후 1873년에는 센크스라는 사람이 있었는데, 그는 소수점 이하 707
자리까지의 값을 구해냈다! 솔직히 말하면, π값을 대략적으로 나타내는 그런 긴 값은 이론적으로나 실용적으로나 별 가치를 갖고 있지는 못하다. 할 일이 없는 사람이나 혹은 '기록 갱신'에 목을 매는 사람이라면 모를까. 하지만 그런 사람들이 있었으니, 1946년에서 1947년 사이에 퍼거슨(멘체스터 대학)과 또 그와는 별도로 브렌취(워싱턴 출신)라는 사람이 π값을 소수점 이하 808자리까지 계산해냈고, 센크스의 계산에서 528자리 이하가 틀렸음을 발견해내기도 했다.

예를 들어 우리가 지구 적도의 지름을 정확히 알고 있다는 가정 하에 지구 적도의 길이를 $1cm$ 단위로 구하고자 할 때, 우리는 π값에서 소수점 이하 9개만 알면 충분히 구할 수 있다. 만일 그 두 배인 소수점 이하 18개를 사용하면 지구에서 태양까지 거리를 반지름으로 하는 원둘레 길을 계산할 수 있는데, 이 때 오차는 $0.0001mm$이다(머리카락 두께보다 100배나 적은 수이다!).

소수점 이하 100자리의 π값조차 아무 쓸모가 없음을 아주 확실하게 밝혀낸 사람은 소련 수학자 그라베이다. 그는 지구에서 시리우스까지 거리($132 \cdot 10^{10}$)를 반지름으로 하는 구(求)를 생각해냈다. 그런 다음 이 구에 세균을 가득 채우는데, 밀도는 $1mm^3$ 당 10^{10} 마리이다. 그리고 나서 이들 세균을 모두 일렬로 세운다. 세균끼리의 간격을 지구에서 시리우스까지 거리에 맞게 잡아서 이 직선의 길이를 반지름으로 하는 원둘레를 계산한다. 소수점 이하 100자리의 π를 이 계산에 사용하면 오차는 100만분의 1을 넘지 않는다. 여기에 대해 정확하게 지적한 사람은 프랑스 천문학자 아라고이다. 아라고는 "아무리 원둘레 길이와 지름 사이의 비를 정확하게 나타내는 수가 있다고 주장해도 그것이 정확하다고 이야기할 수 없다."라고 말했다.

일반적인 계산에서 π값은 소수점 이하 두 개면 충분하고(3.14), 좀더 정확한 계산에서는 소수점 이하 네 개면 충분하다(3.1416 – 마지막 숫자는 5가 아니라 반올림을 해서 6으로 한다).

2. 잭 런던의 실수

잭 런던의 소설 『큰 집의 작은 주부』에는 기하학 계산에 적당한 부분이 있다.

들판 한가운데에는 땅속에 깊이 박힌 쇠막대 하나가 있다. 막대 꼭대기와 들판 가장자리에 있는 트랙터 사이에는 로프가 연결되어있다. 운전수들이 레버를 밀자 엔진이 작동하기 시작한다.

트랙터는 중심 역할을 하는 막대 주변으로 원을 그리면서 전진하기 시작했다.

"트랙터를 원이 아니라 정사각형을 그리며 달릴 수 있도록 개량해야겠습니다." 하고 그레헴이 말했다.

"맞아요. 이 장치로는 정사각형 밭에서는 아주 많은 땅이 쓸모 없게 될 테니까요."

그레헴은 뭔가 계산을 하더니 이렇게 덧붙여 말했다.

"매 10에이커 중에서 대략 3에이커는 못쓰게 되겠군요."

"그보다 적지는 않을 겁니다."

그렇다면 이 계산이 과연 맞는지 한번 알아보자.

계산은 틀렸다. 전체 땅의 30% 보다 훨씬 적은 부분만을 못쓰게 된다. 정사각형의 한 변을 a라고 하자. 그런 정사각형의 면적은 a^2이 된다. 내접하는 원의 지름 역시 a이며, 그 면적은 $\dfrac{\pi a^2}{4}$이다. 정사각형 땅에서 쓸모 없게 되는 부분은 다음과 같다.

$$a^2 - \frac{\pi a^2}{4} = (1 - \frac{\pi}{4})a^2 = 0.22a^2$$

보는 것처럼, 정사각형 들판에서 경작되지 않는 부분은 미국소설가의 주인공들이 생각한 30% 가 아니라, 대략 22%에 불과하다.

3. 바늘 떨어뜨리기

π의 대략적인 계산을 위한 가장 독특한 방법은 다음과 같다. 짧은 자수 바늘(2cm정도)을 준비하는데, 바늘이 일정한 두께가 되도록 끝이 잘려나간 것이 더 좋다. 그런 다음 종이 위에 바늘 길이의 두 배 간격으로 가는 선을 여러 개 평행으로 긋는다. 그리고 어떤 높이(임의의 높이)에서 바늘을

떨어뜨린 다음, 바늘이 그 선들 중 하나와 교차하는지, 교차하지 않는지를 눈여겨본다(그림 2 왼쪽). 바늘이 튕기지 않도록 종이 아래에는 흡수지나 모직물을 깔아놓는다. 바늘 떨어뜨리기는 많이 반복해야 하는데, 예를 들면 100번 정도, 혹은 1,000번 정도 하면 더 좋으며, 매 경우 바늘이 선과 교차했는지를 관찰한다. 바늘 끝이 선 위에 있는 경우도 교차한 것으로 봐야 한다. 바늘을 떨어뜨린 총 횟수를 바늘이 교차한 횟수로 나누게 되면 그 결과 π값이 얻어지는데, 물론 이것은 대략적인 값이다.

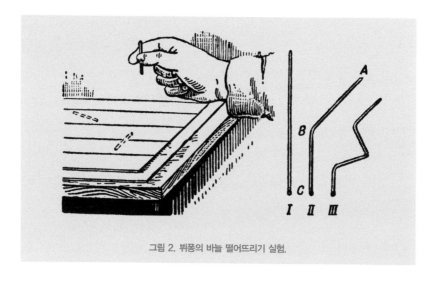

그림 2. 뷔퐁의 바늘 떨어뜨리기 실험.

어째서 그런 결과가 나오는지 알아보자. 바늘이 선과 교차한 부분을 K라고 하고, 바늘의 길이는 $20mm$라고 하자. 바늘과 선이 교차한 경우 교차점은 물론 바늘의 어느 한 부분일 것이며, 바늘의 어느 부분이 얼마만큼 교차했는지는 그리 중요하지 않다. 따라서 바늘의 매 $1mm$ 부분이 선과 교차하는 횟수는 $\dfrac{K}{20}$이다. $3mm$ 상당의 부분이 교차하는 횟수는 $\dfrac{3K}{20}$,

$11mm$ 상당의 부분이 교차하는 횟수는 $\frac{11K}{20}$ 등이 된다. 다시 말해서 바늘이 선과 교차하는 횟수는 바늘 길이에 정비례한다.

이러한 비례는 바늘이 구부러진 경우에도 마찬가지이다. 바늘이 그림의 II 형태로 구부러져(그림 2 오른쪽) $\overline{AB}=11mm$, $\overline{BC}=9mm$가 되면, $\overline{AB}$ 부분의 교차 횟수는 $\frac{11K}{20}$, 그리고 $\overline{BC}$ 부분은 $\frac{9K}{20}$가 되며, 바늘 전체로는 $\frac{11K}{20} + \frac{9K}{20}$, 즉 이전과 마찬가지로 K 회이다. 우리는 바늘을 좀더 심하게 구부릴 수 있는데(그림2의 형태 III), 역시 교차 횟수는 변하지 않을 것이다(이렇게 바늘을 구부렸을 경우 바늘의 두 부분 혹은 그 이상의 부분이 한번에 교차하는 경우도 있을 수 있는데, 물론 이 경우에는 교차 횟수를 2회, 3회 등으로 간주해야 한다. 왜냐하면 선과 교차하는 바늘의 부분이 각각 다르기 때문이다).

자, 이제 우리는 원 모양으로 구부러진 바늘을 떨어뜨리게 되는데, 원의 지름은 선들 사이의 간격과 같다(선들 사이 간격은 바늘 길이의 두 배이다). 이 원은 매 회 두 번씩 어떤 선과 교차하게 된다(혹은 두 개의 선에 접하는데, 어떤 경우든지 간에 두 번 만나게 된다). 만일 떨어뜨린 총 횟수를 N이라고 하면, 만남의 횟수는 $2N$이 된다. 앞에 사용한 곧은 바늘의 길이는 이 원 길이보다 2π배 만큼 더 작다. 그런데 우리가 이미 말한 것처럼, 교차 횟수는 바늘 길이에 비례한다. 그렇기 때문에 우리 바늘이 교차하는 횟수(K)는 $2N$ 보다 2π배 만큼 더 작을 수밖에 없고, 즉 $\frac{N}{\pi}$이 된다. 따라서

$$\pi = \frac{\text{떨어뜨린 횟수}}{\text{교차횟수}}$$

떨어뜨린 횟수가 많을수록 π값은 더 정확해진다. 스위스의 천문학자

R.볼프는 19세기 중엽에 선이 그어진 종이 위로 5,000번 바늘을 떨어뜨려 관찰한 다음, 그 결과 3.159…라는 값을 얻었는데, 이것은 아르키메데스 값보다 덜 정확한 것이다.

이처럼 원이나 지름을 그리지 않고, 그러니까 컴퍼스를 사용하지 않고 단지 실험 방법에 의해 지름에 대한 둘레 길이의 비율을 구할 수 있다는 것은 정말 흥미로운 일이다. 기하학이나 원에 대한 지식이 없는 사람일지라도 바늘을 수없이 떨어뜨릴 인내심만 있다면 이 방법을 이용해서 충분히 π값을 구할 수 있는 것이다.

4. 원주 곧게 펴기

생활에 있어서의 수많은 목적을 위해서는 π값을 $3\frac{1}{7}$로 정하고, 원주를 지름의 $3\frac{1}{7}$배 길이의 직선으로 잡아서 충분히 쓸 수 있다(알려진 것처럼 선분은 상당부분 정확하게 7등분할 수 있다). 실제 현장에서는 양철공이나 목수 등이 원주를 곧게 펴는 몇 가지 대략적인 방법을 사용하기도 한다. 여기에서는 그 방법들 모두를 알아보지 않고, 그 중에서도 대단히 정확한 결과를 얻을 수 있는 아주 간단하게 곧게 펴는 방법 하나만을 소개할 것이다.

반지름이 r인 원 O의 원주를 곧게 펴야 한다면(그림 3), 지름 $\overline{AB}$를 긋고, 점 B에서 이것에 수직인 $\overline{CD}$를 긋는다. 중심 O에서 $\overline{AB}$에 30°의 각이 되도록 직선 $\overline{OC}$를 긋는다. 그런 다음 점 C에서 직선 $\overline{CD}$ 위에, 이 원의 반

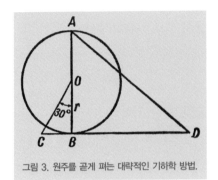

지름의 3배를 잡아 점 D로 하고, $\overline{AD}$를 연결하면 $\overline{AD}$의 길이는 원주의 반과 같다. 만일 $\overline{AD}$를 두 배로 늘리면 원주길이의 근사 값이 나온다. 오차는 $0.0002r$ 이하이다.

그렇다면 그 근거는 무엇일까?

그림 3. 원주를 곧게 펴는 대략적인 기하학 방법.

풀 이

피타고라스 정리에 따르면

$$\overline{CB}^2 + \overline{OB}^2 = \overline{OC}^2.$$

반지름 $\overline{OB}$를 r로 표시한 다음, $\overline{CB} = \dfrac{\overline{OC}}{2}$ 라는 것을 고려하면($\angle BOC$ 가 $30°$ 이므로), 다음의 결과를 얻는다.

$$\overline{CB}^2 + r^2 = 4\overline{CB}^2.$$

여기에서

$$\overline{CB} = \frac{r\sqrt{3}}{3}.$$

그리고 삼각형 ABD에서

$$\overline{BD} = \overline{CD} - \overline{CB} = 3r - \frac{r\sqrt{3}}{3}$$

$$\overline{AD} = \sqrt{\overline{BD}^2 + 4r^2} = \sqrt{\left(3r - \frac{r\sqrt{3}}{3}\right)^2 + 4r^2}$$

$$= \sqrt{9r^2 - 2r^2\sqrt{3} + \frac{r^2}{3} + 4r^2} = 3.14153r.$$

아주 정확한 π값 ($\pi = 3.141593$)을 사용해 얻은 것과 위의 결과를 비교해 보면, 그 차이는 겨우 $0.00006r$ 에 불과하다는 것을 알 수 있다. 만일 이 방법으로 반지름이 1*m*인 원둘레를 구한다면, 오차는 원주의 반에 있어서는 겨우 0.00006*m*, 그리고 전체 원주 길이에 있어서는 0.00012*m*, 혹은 0.12*mm*에 지나지 않을 것이다(대략 머리카락 세 배 두께 정도이다).

5. 머리 혹은 발

쥘 베른의 소설에 나오는 어떤 인물이 세계 일주 여행을 하면서 머리 혹은 발바닥 중 자기 신체의 어느 쪽이 더 많이 여행을 했는지 계산해보는 장면이 있다. 문제를 일정한 형식을 갖추어 제기한다면 이것은 아주 유익한 기하학 문제가 될 것이다.

여러분이 지구의 적도를 따라 여행을 했다고 하자. 이 때 여러분 머리 꼭대기는 당신 발끝보다 얼마나 더 긴 여행을 했을까?

풀 이

발이 지나간 거리는 $2\pi R$ 이며, 여기에서 R은 지구 반지름이다. 이 때 머리 꼭대기가 지나간 거리는 $2\pi(R + 1.7)$인데, 여기에서 1.7*m*는 사람의 신장이다. 두 거리의 차이는 $2\pi(R + 1.7) - 2\pi R = 2\pi \cdot 1.7 \fallingdotseq 10.7m$이다. 따라서 머리는 발보다 10.7*m*만큼 더 여행한 것이다.

흥미로운 사실은, 반지름이 서로 다른 지구에서나 목성에서나 혹은 가장 작은 혹성에서나 머리는 발보다 항상 10.7*m*만큼 더 여행한다는 점이다. 대체적으로 두 동심원의 원둘레 길이의 차이는 그 반지름과는 관계가 없으며, 반지름의 차이에 따라서만 결정된다. 반지름이 $1cm$ 길어졌을 때 원주 길이가 늘어나는 비율은 태양에서나 동전에서나 모두 똑같다.

많은 기하학 책에 나오는 다음과 같은 흥미로운 문제 역시 이러한 기하학적 패러독스 패러독스란 언뜻 보기에는 진실 같아 보이지 않는 그런 진실을 말하며, 그에 비해 궤변이란 진실처럼 보이는 잘못된 논제를 의미한다. 에 근거하고 있다.

지구의 적도를 철사로 한 바퀴 두른 다음 이 철사 길이를 $1m$ 길게 한다면, 쥐 한 마리가 철사와 지구 사이를 빠져나갈 수 있을까?

이에 대해 사람들은, 그 간격이 머리카락보다 더 좁을 것이며, 적도의 4천만 미터와 비교할 때 $1m$는 아무것도 아니라고 답할 것이다! 하지만 실제로 이 간격은 다음과 같다

$$\frac{100}{2\pi}cm \doteqdot 16cm.$$

쥐뿐만 아니라 커다란 고양이도 빠져나갈 수 있다.

6. 적도를 따라 감긴 철사

이제는 적도를 따라 지구를 강철로 만든 철사로 단단하게 감았다고 하자. 만일 이 철사의 온도가 1° 내려간다면 어떻게 될까? 온도가 내려가면 철사는 당연히 짧아진다. 이 때 철사가 끊어지지 않고 늘어나지 않았다면, 철사는 얼마나 깊이 땅속으로 파고 들었을까?

겨우 1° 정도로 온도가 아주 조금 내려갔기 때문에 철사가 눈에 띌 만큼 땅속으로 깊이 들어가시는 않았을 거라고 생각하기 쉽다. 하지만 실제 계산해 보면 결과는 그렇지 않다.

온도가 1° 내려가면 강철 철사는 10만분의 1 정도 그 길이가 짧아진다. 4천만 미터의 길이(적도 길이)일 때 철사는 단순히 계산해도 400m 정도가 짧아진다. 하지만 철사로 된 이 원의 반지름은 400m 짧아지는 것이 아니라 그보다 훨씬 적게 짧아진다. 반지름이 얼마나 짧아지는지를 알아내기 위해서는 400m를 6.28, 즉 2π로 나누어야 한다. 그러면 약 64m가 얻어진다. 따라서 철사는 겨우 1° 정도 온도가 내려갔을 때 위의 조건 하에서 몇 mm 정도가 아니라 놀랍게도 60m 이상이나 땅속으로 파고 들게 되는 것이다!

7. 사실과 계산

여러분 앞에 8개의 동일한 원이 있다(그림 4). 가는 선으로 표시된 7개의 원은 고정된 채 있고, 여덟 번째 원(투명한 원)은 다른 원들을 따라 미끄러지지 않고 굴러간다고 하자. 이 여덟 번째 원이 다른 원들의 주위를 일주한다고 가정했을 때 몇 번의 회전을 하게 될까?

물론 여러분은 실제로 해보면 금방 답을 알아낼 수 있을 것이다. 책상 위에 같은 동전 8개를 올려놓은 다음, 그림처럼 동전들을 배치시킨다. 그 중 7개는 책상에 움직이지 않도록 눌러놓고 나머지 한 개를 동전들 주변을 따

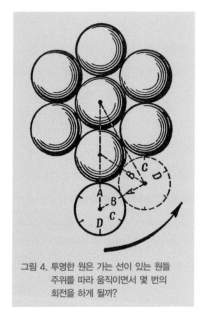

그림 4. 투명한 원은 가는 선이 있는 원들 주위를 따라 움직이면서 몇 번의 회전을 하게 될까?

라 굴린다. 동전의 회전 수를 결정하기 위해서는 동전에 새겨진 숫자의 위치를 주목해야 한다. 숫자가 최초의 위치로 돌아오면 동전은 1회전한 것이다.

이 실험을 머릿속으로만 하지 말고 실제로 해보면 동전이 모두 4회전한다는 것을 알 수 있다.

그럼 계산을 통해서도 똑같은 대답을 얻을 수 있는지 살펴보자.

예를 들어 굴러가는 원이 고정된 각각의 원의 호 주변을 어떻게 굴러가는지 조사해보자. 이를 위해서 움직이는 원이 '언덕'의 A에서, 두 개의 고정된 원 사이에 있는 가장 가까운 '낮은 골목'까지 이동했다고 하자(그림 4 점선).

그림을 보면 쉽게 알 수 있듯이 원이 굴러간 호 AB는 60°이다. 각각의 고정된 원의 둘레에는 그와 같은 호가 두 개 있다. 그것을 합치면 120°의 호가 되거나 원주의 $\frac{1}{3}$이 된다.

따라서 움직이는 원은 각각의 고정된 원주의 $\frac{1}{3}$을 회전하면서 자신도 $\frac{1}{3}$ 회전을 하게 된다. 고정된 원은 모두 6개이므로, 움직이는 원은 단지 $\frac{1}{3} \cdot 6 = 2$회전을 한다는 결론이 나온다.

우리가 관찰했던 결과와는 차이가 나는 것이다! 하지만 흔히 말하듯이 '사실은 움직일 수 없는 것'이다. 만일 관찰한 것과 계산한 것이 맞지 않다면, 다시 말해서 계산에 뭔가 실수가 있었던 것이다.

그럼 그 실수를 찾아보자.

풀 이

원이 직선을 따라 미끄러지지 않고 굴러갈 때 그 직선의 길이가 구르는 원의 원주의 $\frac{1}{3}$ 이라면, 원은 실제로 $\frac{1}{3}$ 회전을 한다. 그런데 만일 원이 어떤 곡선의 호를 따라 구르게 되면 위의 확신은 맞지 않게 된다. 우리가 살펴보고 있는 이 문제에서 구르는 원은 원주의 $\frac{1}{3}$ 길이의 호를 굴러가면서 $\frac{1}{3}$ 회전이 아니라 $\frac{2}{3}$ 회전을 하며, 따라서 이 같은 6개의 호를 굴러가면서 움직이는 원은

$6 \cdot \frac{2}{3} = 4$ 회전

을 하게 되는 것이다!

이 사실을 우리는 다음과 같이 확인할 수 있다. 그림 4에 있는 점선의 원은 고정된 원의 호 AB(=60°), 즉 원주의 $\frac{1}{6}$ 길이의 호를 따라 굴러간 뒤의 구르는 원의 위치를 나타내고 있다. 이 새로운 위치에서 움직이는 원의 가장 위에 위치하는 것이 더 이상 점 A가 아니라, 점 C이며, 보는 것처럼, 움직이는 원은 60°의 호에 따라 굴러가는 동안에 120° 회전, 즉 $\frac{1}{3}$ 회전을 한다. 그래서 120°의 호를 굴러갈 때에는 $\frac{2}{3}$ 회전을 하게 된다.

이처럼 원이 곡선을 따라 (혹은 꺾인 선을 따라) 굴러갈 때 원은 같은 길이의 직선을 따라 굴러갈 때와는 다른 횟수의 회전을 하게 된다.

8. 줄 타는 소녀

원 하나가 일직선 위를 똑바로 굴러갈 때 원 위 각각의 점도 일직선을 따라 움직인다. 즉, 자신의 궤적을 가지게 되는 것이다.

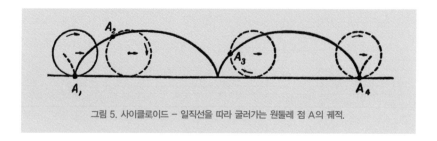

그림 5. 사이클로이드 – 일직선을 따라 굴러가는 원둘레 점 A의 궤적.

직선 위를 따라 굴러가는 원 위 한 점을 관찰해 보면 곡선이 생기며, 마찬가지로 큰 원에 내접하여 굴러가는 작은 원의 경우에도 임의의 한 점은 곡선을 그리며 움직인다.

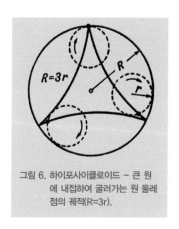

그림 6. 하이포사이클로이드 – 큰 원에 내접하여 굴러가는 원 둘레 점의 궤적(R=3r).

그 중 일부가 그림 5와 6에 그려져 있다. 여기에서 다음과 같은 질문이 나온다. 다른 원의 '내부를 따라' 굴러가는 원의 한 점이 곡선이 아닌 직선을 그리는 경우가 과연 가능할까? 언뜻 보기에는 불가능할 것 같다.

하지만 바로 이 경우를 나는 내 눈으로 직접 보았다. 바로 '줄 타는 소녀'라는 장난감이었다(그림 7). 여러분도 쉽게 만들 수 있다. 튼튼한 마분지나 판자에

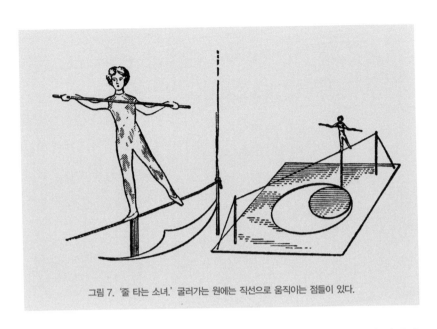

그림 7. '줄 타는 소녀.' 굴러가는 원에는 직선으로 움직이는 점들이 있다.

지름 30cm인 원을 그린다. 이 때 원을 제외한 부분이 여유가 많이 있어야 한다. 그리고 원의 지름 중 하나를 양 쪽으로 연장한다.

지름의 연장선 위에 바늘을 두 개 꽂고 바늘귀에 달린 실을 수평으로 팽 팽하게 당긴 다음 실 양 끝을 마분지(판자)에 고정시킨다. 이 때 그려진 원을 오려내고, 그 자리에 마분지(혹은 판자)로 만든 지름 15cm의 원을 올려 놓는다. 작은 원의 가장자리에도 그림 7처럼 바늘을 하나 꽂아놓고, 마분 지를 가지고 소녀 곡예사 인형을 만들어서 오려낸 다음 소녀의 발을 접착 제로 붙인다.

이제 오려낸 큰 원의 가장자리를 따라 작은 원을 굴려보자. 바늘머리와 또 거기에 붙인 인형은 팽팽하게 당겨진 실을 따라 앞으로, 혹은 뒤로 미 끄러질 것이다.

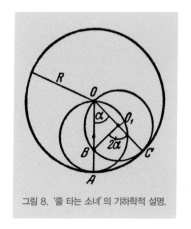

그림 8. '줄 타는 소녀'의 기하학적 설명.

바늘이 고정된 구르는 원의 점은 큰 원의 지름을 따라 한 치의 오차도 없이 움직이기 때문이다.

그런데 어째서 비슷한 경우인 그림 6 에서는 굴러가는 원의 점이 직선이 아닌 곡선 (이를 사이클로이드라고 부름)을 그리는 것일까? 그것은 바로 큰 원과 작은 원의 지름의 비 때문이다.

만일 큰 원 내부에서 그 둘레를 따라 그보다 지름이 두 배 작은 원을 굴리게 되면, 작은 원의 둘레에 있는 모든 점은 큰 원의 지름인 직선을 따라 움직인다는 사실을 증명해보자.

풀 이

만일 원 O_1의 지름이 원 O의 지름보다 두 배 작다면(그림 8) 원 O_1이 움직이는 동안 한 개의 점은 원 O의 중심에 있게 된다.

점 A의 움직이는 모습을 따라가 보자.

호 AC를 따라 작은 원을 굴려본다.

이때 점 A는 어디에 있게 될까?

새로운 위치에 있는 작은 원 위에 호 AC와 호 BC가 같아지도록(이 때 원은 미끄러지지 않고 구른다고 하자) 점 B를 잡으면 점 A는 점 B에 오게 된다.

$\overline{OA} = R$이고, $\angle AOC = a$라고 하자. 그러면 호 $AC = Ra$이고 따라서

호 $BC=Ra$가 되지만, $\overline{O_1C} = \dfrac{R}{2}$ 이므로, $\angle BO_1C = \dfrac{R \cdot a}{\dfrac{R}{2}} = 2a$이다.

따라서 $\angle BOC$ 는 $\dfrac{2a}{2} = a$ 이므로 점 B는 직선 $\overline{OA}$ 에 남게 된다.

9. 북극 경유의 코스

소련의 영웅으로 추앙받는 M.그로모프와 그의 대원들은 모스크바에서 출발하여 북극을 지나 산 하신토(San Jacinto)까지 비행을 했다. 이 때 그로모프는 62시간 17분 동안 직선(10,200km)거리와 곡선(11,500km)거리를 무착륙 비행함으로써 두 개의 세계 신기록을 세웠다.

그렇다면 북극을 날아서 통과한 이들의 비행기는 과연 지축 주변을 지구와 함께 회전했을까? 이 질문은 자주 던져지지만, 그에 대해 정확한 답변이 항상 돌아오는 것은 아니다. 북극을 통과하는 비행기를 포함해서 모든 비행기는 물론 지구와 함께 회전한다. 이런 현상이 일어나는 이유는, 비행기가 육지를 벗어나 하늘을 날고 있다고 하더라도 여전히 대기 속에 있으며, 대기와 함께 지구의 자전운동에 끌어당겨지기 때문이다.

그렇게 해서 비행기는 모스크바를 떠나 북극을 경유해서 미국으로 날아가면서 동시에 지구와 함께 지축 주변을 회전하고 있는 것이다. 그럼 이 비행의 항로는 어떻게 될까?

이 질문에 대해서 올바르게 대답하기 위해서는, 우리가 '물체가 움직인다' 고 말할 때 그것은 어떤 다른 물체들에 대해 해당 물체의 상태가 변한다는 의미인 것을 고려해야 한다. 항로에 대한 문제, 그리고 대체로 운동에 관한 문제는 수학자들이 말하는 좌표계, 혹은 간단히 말해서 운동의 기준이 되는 물체가 지시되어있지 않은 경우에는 의미가 없기 때문이다.

그로모프의 비행기는 지구를 돌 때 거의 모스크바를 통과하는 자오선을 따라 움직였다. 모스크바를 지나는 자오선은 다른 모든 자오선처럼 지구와 함께 지축 주위를 돌고 있다. 비행기 역시 날고 있는 동안에 자오선과 함께 돈 셈인데, 지상의 관찰자가 볼 때 이 운동은 항로의 형태에 반영이 되지 않는다. 왜냐하면 이 운동은 이미 지구가 아닌 다른 어떤 물체에 대해 진행되고 있기 때문이다.

따라서 지구에 단단히 연결이 되어있는 우리에게 있어서 북극을 경유하는 이 영웅적인 비행의 항로는, 만일 비행기가 정확히 자오선을 따라 움직이고, 이 때 지구 중심에서 항상 같은 거리를 유지했다면, 커다란 원의 호가 된다.

그럼 문제를 이런 식으로 제시해보자. 비행기는 지구에 대해 움직이고, 또 비행기는 지구와 함께 지축 주위를 회전하고 있다. 다시 말해서 비행기와 지구는 어떤 제 3의 물체에 대해 움직인다. 그렇다면 이 제 3의 물체와 관련된 관찰자에게 있어서 비행의 항적은 어떻게 될까?

평범치 않은 이 문제를 약간 단순화시키자. 지구의 극 주변 지역을 지축에 수직인 평면 위에 있는 평평한 원판이라고 가정하는 것이다. 그리고 이 원판이 지축을 기준으로 회전하고, 이 원판의 어느 한 지름을 따라 태엽을 감은 차가 균등한 속도로 앞으로 나아간다고 하자. 이 차는 극을 지나 자오선을 따라 날고 있는 비행기를 나타낸다.

이 차의 이동경로는 해당 평면 위에 어떤 선을 그릴까(정확히 말하면 차의 어느 하나의 점, 예를 들어 차의 중심의 경로를 말한다)?

차가 지름 한쪽 끝에서 다른 쪽 끝까지 가는데 걸리는 시간은 그 속도에 달려있다.

세 가지 경우에 대해 살펴보자.

1) 차가 12시간 만에 코스를 통과하는 경우

2) 24시간 걸리는 경우

3) 48시간 걸리는 경우

모든 경우에 있어서 원판은 24시간에 1회전을 한다.

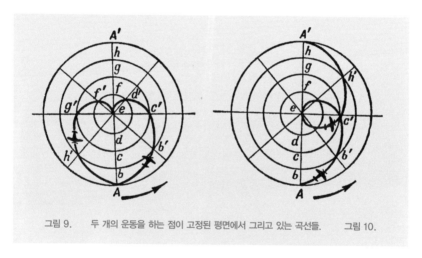

그림 9.　　두 개의 운동을 하는 점이 고정된 평면에서 그리고 있는 곡선들.　　그림 10.

첫 번째 경우(그림 9). 차는 원판의 지름을 12시간 만에 지난다. 그 시간 동안 원판은 반 회전, 즉 180° 회전을 하며, 점 A와 A′는 위치가 바뀐다. 그림 9에서 지름은 8등분으로 나뉘어있고, 차는 그 각각의 부분을 12 ÷ 8 = 1.5 시간에 통과한다. 출발 이후 1.5 시간 뒤에 차가 어디에 있는지를 조사해보자. 만일 원판이 회전하지 않는다면, 점 A를 출발한 차는 1.5시간 뒤에는 점 b에 도착할 것이다. 하지만 원판은 회전하고 있으며, 1.5시간 동안 $180° \div 8 = 22.5°$ 회전한다. 이 때 원판의 점 b는 점 b'로 이동해 있다. 원판 바로 위에 서서 원판과 함께 회전하고 있는 관찰자는 원판의 회전을 깨닫지 못한 채 단지 차가 점 A에서 점 b로 이동하는 것만 보일 것이다. 하지만 원판 밖에 있으면서 그 회전에 참여하지 않는 관찰자의 눈에는 다른 것이 보일 것이다. 차는 곡선을 따라 점 A에서 점 b'로 이동하는 것으로 보인다. 1.5시간이 또 지나면 원판 밖에 있는 관찰자의 눈에는 점 c'에 있는 차가 보일 것이다. 또 다음의 1.5시간 동안 차는 호 $c'd'$를 따라 움직이고, 또 1.5시간이 지나면 중심점 e에 도달하는 것처럼 보인다.

원판 밖에 서서 차의 움직임을 계속 지켜보는 관찰자의 눈에는 전혀 예상치 못했던 것이 보이게 된다. 차는 곡선 $efg'h'A$를 그리면서 이상하게도 지름의 반대편으로 가지 않고 출발점에서 멈추게 된다.

이 예상치 못한 현상은 아주 간단하게 설명할 수 있다. 차가 움직이는 후반 6시간 동안 이 반경 eA'는 원판과 함께 $180°$ 회전하여 eA위치에 오게 된다. 차는 원판의 중심을 통과할 때조차 원판과 함께 회전을 한다. 물론 차 전체가 원판의 중심에 있는 것은 불가능하다. 차의 어떤 한 점이 중심과 합쳐지고, 그 순간 차 전체가 원판과 함께 이 점의 주위를 회전하는 것이다. 비행기가 극을 통과하는 순간에도 위와 똑같은 일이 벌어질 수밖에 없다. 그렇게 해서 원판의 지름을 따라 한쪽 끝에서 다른 쪽 끝까지 움직이는 차의 경로는 다양한 관찰자들에게 다양한 모습으로 비쳐지게 된다. 원판에 서서 원판과 함께 회전하는 사람에게 이 경로는 직선으로 보인다. 하지만 원판의 회전에 참여하지 않는 고정된 관찰자의 눈에 차는

그림 9에 그려진 하트 형태의 곡선을 따라 움직이는 것으로 보인다.

지축에 수직인 상상의 평면에 대해 비행기가 날고 있는 것을 여러분이 지구 중심에서 관찰한다고 가정했을 때에도 이 같은 곡선이 보일 텐데, 이때 지구는 투명하고 여러분과 평면은 지구의 회전에 참여하지 않아야 하며, 비행기가 극을 통과하여 12시간 비행한다는 조건 하에서 이다.

이것은 두 개의 운동이 합성된 흥미로운 예이다.

하지만 실제로 모스크바에서 같은 위도의 맞은 편 지점까지 12시간을 비행한 것은 아니기 때문에 여기에서 우리는 같은 류의 또 하나 예비문제를 풀어보기로 하자.

두 번째 경우(그림 10). 차는 24시간에 걸쳐 지름을 통과한다. 이 시간 동안 원판은 1회전을 하고, 그 때 원판에 대해 정지해 있는 관찰자에게 있어서 차의 이동 경로는 그림 10에 그려진 곡선 형태가 될 것이다.

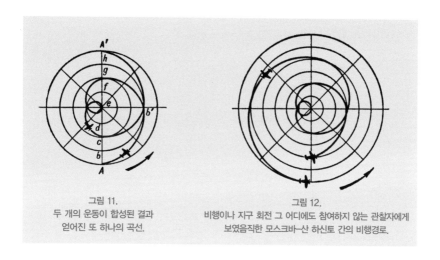

그림 11.
두 개의 운동이 합성된 결과
얻어진 또 하나의 곡선.

그림 12.
비행이나 지구 회전 그 어디에도 참여하지 않는 관찰자에게
보였음직한 모스크바~산 하신토 간의 비행경로.

세 번째 경우(그림 11). 원판은 이전과 마찬가지로 24시간 동안 1회전을 하지만, 차는 지름을 따라 끝에서 끝까지 48시간 동안 달린다.

이 경우 지름의 $\frac{1}{8}$을 차는 48 ÷ 8 = 6시간에 달린다. 이 6시간 동안 원판은 1회전의 $\frac{1}{4}$인 90° 회전을 하게 된다. 따라서 움직이기 시작한 지 6시간 뒤에 차는 직경을 따라(그림 11) 점 b로 이동하지만, 원판의 회전에 의해 이 점은 점 b'로 옮겨진다. 6시간이 더 지나게 되면 차는 점 g 등에 올 것이다. 48시간 동안 차는 지름 전체를 통과하고, 원판은 2회전을 한다. 이 두 개의 운동을 합성하면 고정된 관찰자에게는 그림 11에서 굵은 선으로 그려진 복잡한 곡선으로 보일 것이다.

지금 살펴본 경우는 북극을 횡단하는 실제 조건에 더욱 가깝게 되어있다. 그로모프는 모스크바에서 북극까지 대략 24시간이 걸렸다. 그래서 지구의 중심에 있는 관찰자가 이 부분의 항로를 본다면 그것은 그림 11의 곡선 전반부와 거의 일치하게 된다. 그로모프의 후반부 비행에 대해 말한다면, 그것은 대략 1.5배 정도 더 걸렸으며, 북극에서 산 하신토까지 거리는 모스크바에서 북극까지 거리보다 1.5배 정도 더 길다. 그래서 정지된 관찰자의 눈에 항로의 후반부는 전반부와 같은 형태로 보이게 되는데, 단지 그보다 1.5배 더 길어질 뿐이다.

결과적으로 어떤 식의 구불거리는 형태가 되는지에 대해서는 그림 12에 나와 있다.

이 그림에서 비행의 시작점과 종착점이 너무 가까운 것을 보고 많은 사람들은 아마 의구심을 가지게 될 것이다.

하지만 간과하지 말아야 할 점은, 이것이 모스크바와 산 하신토의 같은 시간에서의 위치가 아니라, 2일 반이 지나고 나서의 위치라는 사실이다.

이렇게 해서, 만일 지구 중심에서 그로모프가 북극을 횡단하는 모습을 관찰했을 때 그 대략적인 모습을 알아보았다. 그렇다면 우리는 지도상에 그려진 상대적인 경로와 달리 이 복잡한 나선 형태야말로 진정한 북극 비행경로라고 부를 수 있을까? 아니다. 이것 역시 상대적이다. 보통의 비행항로 묘사가 자전하는 지구 표면에 대한 것과 마찬가지로 이 나선 형태 역시 지구 자전에 참가하지 않은 어떤 물체에 대한 것이다.

만일 우리가 위의 비행을 달이나 태양에서 관찰한다면 즉 달이나 태양에 고정된 외표에서 보는 경우이다. 비행항로는 또 다른 형태로 보일 것이다.

달은 지구의 일일 자전 운동에 가담하지 않지만, 대신 한 달에 한번 지구 주위를 회전한다. 모스크바에서 산 하신토까지 비행하는 62시간 동안 달은 지구 주변을 약 30° 회전하는데, 이것은 달의 관찰자가 본 항적에 영향을 줄 수밖에 없다. 태양에서 본 비행기의 항로 형태에는 그 밖에 제3의 운동, 즉 태양의 주위를 지구가 회전하는 운동이 영향을 줄 것이다.

"개별적인 물체의 운동은 존재하지 않으며, 오직 상대적인 운동만이 있을 뿐이다."라고 엥겔스는 『자연의 변증법』에서 말하고 있다.

지금 우리가 살펴본 문제는 엥겔스의 말을 가장 명확하게 뒷받침해주고 있다.

10. 전동벨트 길이

기술학교 학생들이 작업을 끝마치자 선생님은 '헤어지기 전에' 다음과 같은 문제를 내주었다.

선생님은 이렇게 말했다.

"우리 작업실에 있는 새 기계 중 하나에다가 전동벨트를 장착시켜야 하는데, 도르래가 보통 때처럼 두 개가 아니라 세 개짜리란다."

그리고 선생님은 학생들에게 전동장치 그림을 보여주었다(그림 13).

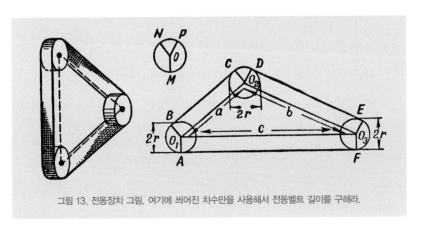

그림 13. 전동장치 그림. 여기에 씌어진 치수만을 사용해서 전동벨트 길이를 구해라.

선생님은 계속 말했다.

"세 개의 도르래 모두 크기는 같으며, 그 지름과 축 사이 거리는 그림에 씌어져 있다. 자, 그럼 이들 크기를 알고 있는 상태에서 더 이상의 다른 측정을 하지 않고 어떻게 하면 전동벨트 길이를 빠르게 구할 수 있을까?"

학생들은 생각에 잠겼다. 얼마 지나지 않아 어떤 학생이 손을 번쩍 들었다.

"선생님, 제 생각에 이 문제의 핵심은 호 AB, CD, EF의 길이가 그림에 씌어 있지 않다는 데에 있는 것 같습니다. 이들 호의 각각의 길이를 알아내기 위해서는 상응하는 중앙각의 길이를 알아야 하니까 측각기가 반드시 필요 합니다."

이에 대해 선생님은 이렇게 대답했다.

"네가 말하는 각은 삼각법의 식과 표를 이용해서 여기 그림에 씌어진 치수를 가지고도 충분히 구할 수 있다. 하지만 여기에서는 측각기도 그다지 필요가 없어. 왜냐하면 각각의 호의 길이를 따로따로 알아낼 필요가 없고, 다만……."

"맞아요, 합계예요."

일부 학생들이 잽싸게 대답했다.

그러자 선생님은 말했다.

"그럼, 이제 모두들 집에 돌아가도록 하고, 내일 여러분들의 대답을 들어보기로 하자."

여러분은 학생들이 어떤 대답을 준비해왔을지 궁금할 것이다.

하지만 선생님께서 하신 말씀을 모두 종합해보면 여러분도 충분히 이 문제를 해결할 수 있다.

풀 이

실제로 전동벨트의 길이를 구하는 것은 아주 간단하다. 도르래 축 사이 거리의 합계에다가 도르래 한 개 둘레 길이를 더해주면 되기 때문이다. 벨트 길이를 l 이라고 하면

$l = a + b + c + 2\pi r$

이 된다.

벨트가 접촉하는 여러 호의 길이의 합이 도르래 한 개의 둘레길이와 같다는 것은 이 문제를 푸는 사람들 거의 모두가 짐작했겠지만, 이를 증명할 수 있는 사람은 그리 많지 않을 것이다.

선생님이 알고 있는 상당히 중요한 여러 풀이 중에서 가장 간단한 풀이를 소개한다.

$\overline{BC}$, $\overline{DE}$, $\overline{FA}$를 원의 접선이라고 하자(그림 13). 그리고 접점에서 반지름을 그린다. 도르래들의 반지름은 모두 같기 때문에 O_1BCO_2, O_2DEO_3, O_1O_3FA는 직사각형의 모양이 되고, 따라서 $\overline{BC} + \overline{DE} + \overline{FA} = a+b+c$가 된다. 남은 것은, 호의 길이의 합($AB+CD+EF$)이 도르래 둘레길이와 같다는 것을 증명하는 것이다.

우선 반지름 r의 원 O를 그린다(그림 13 위쪽). 이 원에 $OM /\!/ O_1A$, $ON /\!/ O_1B$, $OP /\!/ O_2D$가 되도록 $\overline{OM}$, $\overline{ON}$, $\overline{OP}$를 그리면, $\angle MON = \angle AO_1B$, $\angle NOP = \angle CO_2D$, $\angle POM = \angle EO_3F$가 된다.

여기에서 호 $AB+CD+EF=$호 $MN+NP+PM=2\pi r$이 된다. 그렇게 해서 벨트길이 $l = a + b + c + 2\pi r$이 되는 것이다.

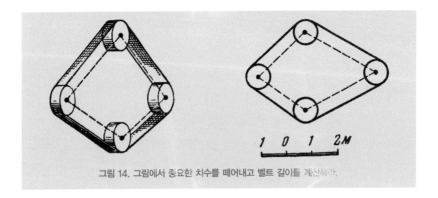

그림 14. 그림에서 중요한 치수를 떼어내고 벨트 길이를 계산해라.

그런 식으로 같은 도르래가 세 개일 때 뿐 아니라 몇 개가 되더라도 전동벨트 길이는 축 사이 거리의 합에 도르래 한 개 둘레 길이를 더한 것과 같음을 증명할 수 있다.

11. 현명한 까마귀

「현명한 까마귀」라는 재미있는 이야기가 있다. 이 오래된 이야기는 까마귀에 대한 것으로 이 새는 너무나도 목이 마르던 차에 물이 든 물병 하나를 발견한다. 하지만 물병 속에는 물이 얼마 없었기 때문에 아무리 부리를 넣어도 소용이 없었다. 이때 까마귀는 이 난관을 어떻게 헤쳐 나갈지 생각해냈고, 물병 안으로 작은 돌을 집어넣기 시작했다. 그 결과 물의 수위는 물병 꼭대기까지 차오르게 되었고, 드디어 까마귀는 물을 실컷 마실 수 있었다.

실제로 까마귀가 그런 현명한 행동을 할 수 있을지에 대한 논의는 접어두기로 하자. 여기에서 우리의 관심을 끄는 것은 기하학적인 내용이다. 그와 관련된 다음의 문제를 살펴보자.

만일 물병의 물이 절반 이하였다면 그래도 까마귀는 물을 실컷 마실 수 있었을까?

이 문제를 보면, 우리는 까마귀가 사용한 방법이 목적을 달성하는 데에 있어서 물병 속 물의 수위에 따라 달라질 수 있음을 알 수가 있다.

문제를 단순화시키기 위해 물병을 사각기둥이라고 하고 작은 돌은 크기가 같은 구(球)라고 하자. 물이 돌 위로 차오르기 위해서는 원래 물의 체적이 돌들 사이의 모든 빈틈보다 커야 한다는 사실은 쉽게 알 수가 있다. 그래야만 물이 빈틈들을 채우고 나서 돌들 위로 올라갈 수 있을 것이다. 그렇다면 이 돌들 사이의 빈틈이 얼마가 되는지 알아보기로 하자. 문제를 간단히 하기 위해 각각의 돌의 중심 위, 아래에 다른 돌의 중심이 있다고 하자. 구의 지름을 d라고 하면 그 체적은 $\frac{1}{6}\pi d^3$이고, 구를 둘러싼 정육면체의 체적은 d^3가 된다. 그리고 그 차이 $d^3 - \frac{1}{6}\pi d^3$ 는 정육면체에서 채워지지 않은 부분의 체적이며, 그 비율은 다음과 같다.

$$d^3 : d^3 - \frac{1}{6}\pi d^3 = 1 = x,$$

$$\frac{d^3 - \frac{1}{6}\pi d^3}{d^3} = x \,,\; 1 - \frac{1}{6}\pi = x$$

$$\therefore x \fallingdotseq 0.48$$

이것은 각각의 정육면체에서 빈틈이 차지하는 비율이 0.48이라는 것을 의미한다. 다시 말해서 물병의 체적과 거기에 돌을 넣었을 때 생기는 체적의 합계가 바로 그 비율, 즉 절반보다 조금 작다는 것을 의미한다. 만일 물병이 사각기둥이 아니고, 또 돌이 구의 형태가 아니라고 하더라도 상황은 크게 바뀌지 않을 것이다. 다시 말해서, 만일 애초에 물병 속 물이 절반 이하였다면, 까마귀는 아무리 돌을 집어넣어도 물을 꼭대기까지 차오르게 할 수 없었을 것이다.

이집트와 로마의 실용기하학

요즘에는 중학생 정도만 되어도 고대 이집트 신관이나 로마 제국의 뛰어난 건축가보다 훨씬 더 정확하게 원의 지름으로부터 둘레 길이를 계산해낸다. 고대 이집트인들은 원의 둘레가 지름보다 3.16배, 로마인들은 3.12배 더 길다고 생각했는데, 실제로 정확한 비율은 3.14159…이다. 이집트와 로마의 수학자들은 지름에 대한 둘레 길이 비율을 구할 때, 후대 수학자들처럼 엄격한 기하학 계산을 이용한 것이 아니라 그저 경험을 통해 구한 것이었다. 그렇다면 어째서 이와 같은 오차가 생긴 것일까? 그 사람들은 어떤 둥근 물체에 실을 빙 둘렀다가 그것을 죽 펴서 치수를 재는 그런 간단한 방법을 몰랐던 것일까?

틀림없이 그 사람들도 그렇게 했을 것이다. 하지만 그 방법을 사용한다고 해서 무조건 좋은 결과가 나오지는 않는다. 예를 들어 지름이 $100mm$인 둥근 밑바닥의 항아리가 있다고 하자. 이 밑바닥 둘레의 길이는 $314mm$가 되어야 한다. 하지만 실제로 실을 가지고 재보면 이 길이가 나오기는 힘들다. $1mm$ 정도의 오차가 나오곤 하는데, 그러면 π는 3.13 또는 3.15가 되는 것이다. 그와 함께 항아리의 지름 역시 상당부분 정확히 잴 수 없고, 그래서 여기에서도 $1mm$의 오차가 생기기 쉽다는 것을 감안

하면, π는

$$\frac{313}{101} \text{과} \frac{315}{99}$$

즉 3.09와 3.18 사이의

대략적인 값이 되어버린다.

위의 방법으로 π값을 구할 때 우리는 3.14가 아닌 다른 결과를 얻게 되는데, 어떤 때는 3.1이, 또 어떤 때는 3.12나 3.17 등이 얻어진다. 물론 그 중에는 우연히 3.14라는 값이 나올 수도 있겠지만, 계산하는 사람 눈에는 이 수 역시 다른 수들과 매 한가지일 것이다.

따라서 위와 같은 경험적인 방법으로는 정확한 π값을 구할 수가 없다. 이러한 맥락에서 우리는, 어째서 고대인들이 지름에 대한 둘레 길이의 비율을 정확하게 알지 못했는지, 그리고 어째서 측정이 아닌 단지 계산만으로 3과 $\frac{1}{7}$이라는 π값을 알아내기 위해 천재 아르키메데스가 필요했는지 그 이유를 알 수 있다.

07

기하학에서 큰 것과 작은 것의 의미

먼지가 떠다니는 이유가 무엇일까요? 하고 물으면 "먼지가 공기보다 가볍기 때문이죠." 라고 대답할 것입니다. 정말 그럴까요? 아닙니다. 먼지는 공기보다 가볍지 않으며 오히려 수백 배, 혹은 수천 배 더 무겁습니다. 그런데도 사람들은 그렇게 이야기를 하고 그것이 당연하다고 생각을 합니다. 말도 안 된다고요? 한번 생각해 봅시다. '먼지'란 무엇일까요? 다양한 무거운 물체가 아주 잘게 부서진 입자들인데, 돌이나 유리 파편, 석탄이나 나무, 금속, 섬유 조각 등입니다. 과연 이 물체들이 공기보다 가벼울까요? 이들은 모두 단위 무게를 나타내는 비중표를 살펴보면 물보다 몇 배 더 무겁거나 설령 물보다 가볍다고 해도 기껏해야 2-3배 가벼울 뿐입니다. 그리고 물은 공기보다 800배나 무겁습니다. 그렇기 때문에 먼지는 공기보다 최소한 수백 배는 더 무겁습니다. 안 그런가요? 하지만 먼지가 떠다니는 이유가 있습니다. 그 이유와 다른 재미있는 오해를 이번 장에서 알아보도록 합시다.

1. 골무 속에 있는 27,000,000,000,000,000,000

제목에 써있는 수 27 뒤에 0을 18개 늘어놓은 것은 다양한 방식으로 읽혀진다. 어떤 사람은 2,700경이라고 읽을 것이고, 어떤 사람은, 예를 들어 재무 관련 일을 하는 사람은 27에 1,000을 6제곱한 수라고 읽을 것이고, 또 어떤 사람은 간단하게 $27 \cdot 10^{18}$ 이라고 쓰고, 27 곱하기 10의 18제곱이라고 읽을 것이다.

골무 한 개 속에 그렇게 어마어마한 개수를 집어넣을 수 있을 것은 과연 무엇일까?

그것은 바로 우리를 둘러싸고 있는 공기 입자이다. 이 세상의 모든 물질들과 마찬가지로 공기도 분자로 이루어져 있다. 물리학자들의 의견에 따르면, 우리를 둘러싸고 있는 공기 $1cm^3$ 속에는(즉 대략 골무 크기 공간 안에는) 온도가 0℃일 때 2,700경 개의 분자가 담겨있다고 한다. 그야말로 수의 거인이라고 할 수 있다. 아무리 상상하려고 해도 이런 수의 크기를 느낀다는 것은 불가능한 일이다. 실제로 그 수의 어마어마한 정도를 무엇과 비교해 볼 수 있을까? 이 지구상에 살고 있는 사람들의 수와 비교해 볼까? 하지만 지구에 살고 있는 사람들은 모두 합쳐봐야 '겨우' 60억($6 \cdot 10^9$)에 지나지 않는다. 즉 골무 속 분자들에 비하면 4억 분의 1에 불과하다. 만일 가장 커다란 천체 망원경으로 볼 수 있는 별들 모두가 우리의 태양처럼 혹성들로 둘러싸여있고, 그 혹성들 각각에 우리 지구와 같은 수의 사람들이 살고 있다고 해도, 여전히 우주의 총 인구는 골무 속 총 분자들 수에 미치지 못할 것이다! 만일 여러분이 보이지 않는 사람들의 수를 헤아린다면, 쉬지 않고 센다고 했을 때 예를 들어 1분에 100개씩 센다면 최소 5,000억 년은 걸릴 것이다.

그보다 작은 수라고 해도 언제나 명확하게 상상할 수 있는 것은 아니다.

예를 들어 1,000배율의 현미경에 대해 사람들이 이야기를 하면 당신은 무엇을 상상하는가? 1,000이라는 수가 그리 큰 것은 아니지만, 그럼에도 불구하고 1,000배율에 대해 모든 사람들이 제대로 인식하고 있지는 못하다. 현미경을 통해 그러한 배율로 물체가 보일 때 우리는 그 물체가 실제로 얼마

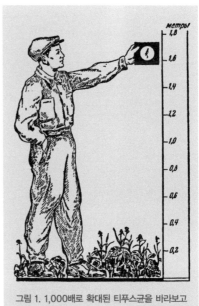

그림 1. 1,000배로 확대된 티푸스균을 바라보고 있다.

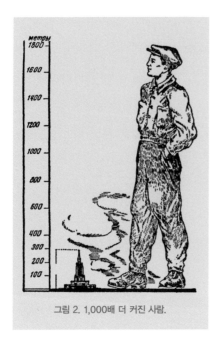

그림 2. 1,000배 더 커진 사람.

나 작은지 가늠하기란 쉽지가 않다. 1,000배로 확대된 티푸스균은 명시거리, 즉 $25cm$ 거리에서 보면 작은 날벌레 만하게 보인다. 하지만 이 균은 실제로 얼마나 작은 걸까? 균과 함께 여러분 자신도 1,000배 정도 커졌다고 상상을 해보자.

이것은 당신의 키가 $1,700m$가 되었음을 의미하는 것이다! 여러분의 머리는 구름보다 더 높은 곳에 있고, 도시의 모든 고층 빌딩이 여러분 무릎보다 훨씬 아래에 있게 될 것이다(그림 2). 이 상상 속 거인과 당신의 비율은 바로 날벌레와 티푸스균과의 비율이 된다.

2. 체적과 압력

골무 안에 2,700경이나 되는 공기 분자가 들어있다면 너무 비좁지는 않을까 생각할 지도 모른다. 하지만 절대 그렇지 않다! 산소나 질소 분자는 직경이 $\frac{3}{10,000,000}mm$ (혹은 $3 \cdot 10^{-7}mm$)이다. 이 지름을 한 변으로 하는 입방체를 1개의 분자라고 한다면 그 체적은 다음과 같다.

$$(\frac{3}{10^7}mm)^3 = \frac{27}{10^{21}}mm^3.$$

골무 속 분자는 $27 \cdot 10^{18}$ 이기 때문에, 다시 말해서 이들 분자가 차지하는 체적은 대략 다음과 같다.

$$\frac{27}{10^{21}} \cdot 27 \cdot 10^{18} = \frac{729}{10^3}mm^3$$

즉, 약 $1mm^3$ 로써 이것은 $1cm^3$의 1,000분의 1에 불과하다. 분자들 사이 간격은 그 지름보다 훨씬 크기 때문에 분자들은 이리저리 돌아다닐 공간이 충분히 있다는 것을 의미한다. 실제로도 우리가 이미 아는 것처럼 공기분자는 한데 모아진 상태로 조용히 정지해있는 것이 아니라 쉬지 않고 무질서하게 이곳 저곳을 돌아다니며 자신이 있는 공간 속을 움직이고 있다. 산소, 탄산가스, 수소, 질소 등의 기체들은 산업분야에서 중요한 기체들인데, 그러한 기체들을 대량으로 저장하기 위해서는 거대한 탱크가 필요하다. 예를 들어 질소 1톤(1,000kg)은 정상 압력일 때 그 체적이 $800m^3$에 달하는데, 즉 순수질소 1톤을 저장하기 위해서는 $20m \times 20m \times 20m$인 용기가 필요하다. 그리고 순수한 수소 1톤을 저장하기 위해서는 $10,000m^3$ 용량의 탱크가 필요하다.

이 기체분자들을 좀더 빽빽

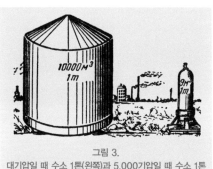

그림 3.
대기압일 때 수소 1톤(왼쪽)과 5,000기압일 때 수소 1톤 (오른쪽). (그림은 조건적이며, 비율은 고려하지 않았다).

하게 채울 수는 없을까? 엔지니어들은 실제로 그렇게 하고 있다. 그들은 압력을 가하는 방법으로 기체를 압축하고 있다. 하지만 그것은 쉬운 일이 아니다. 왜냐하면 어떤 힘으로 기체에 압력을 가할 경우 기체는 같은 힘으로 용기의 벽에 압력을 가하기 때문이다. 그렇기 때문에 화학적으로 기체에 부식되지 않는 아주 견고한 벽이 필요하다.

러시아에서 제작되고 있는 현대식 화학 용기는 경강(硬鋼)으로 만들어졌으며 엄청난 압력과 고온, 기체의 유해한 화학 작용을 견뎌낼 수 있다.

자, 그럼 우리 엔지니어들이 수소를 1163배로 압축시켜서, 1기압 아래에서 $10,000m^3$의 체적을 차지하는 수소 1톤을 약 $9m^3$ 용량의 매우 작은 가스통에 채웠다고 하자(그림 3).

이 수소의 체적을 1,163배로 축소시키기 위해서는 어느 정도의 압력을 가해야 할까? 물리학 수업에서 배운 걸 기억해낸 여러분은 압력이 증가하는 만큼 기체의 체적은 감소하기 때문에 수소에 대한 압력을 1,163배 높이면 된다고 말할 것이다. 실제로도 그럴까? 아니다. 실제로 이 수소에는 1,163 기압이 아니라 5,000 기압, 즉 5,000배의 압력을 가해야 한다. 그 이유는, 기체의 체적이 압력에 반비례해서 변하는 경우는 단지 작은 압력의 경우일 때 만이다. 아주 높은 압력일 때 그 규칙은 맞지 않는다. 예를 들어 1톤의 질소 체적은 1기압 아래에서는 $800m^3$이지만, 압력을 1,000기압으로 높이면 $1.7m^3$가 된다. 하지만 압력이 그 5배가 되어 5,000기압이 되면, 질소의 체적은 단지 $1.1m^3$로 밖에 줄어들지 않는다.

3. 두 개의 캔

수로써 비교하는 것이 아니라 면적이나 체적을 비교해야 하는 기하학에서 그 크고 작음을 기술하는 것은 더욱 어렵다. 누구든지 간에 잼 5kg이 3kg 보다 더 많다고 금방 대답을 하겠지만, 두 개의 캔 중에 어느 것의 용량이 더 크냐는 질문에 선뜻 대답하는 사람은 많지 않을 것이다.

두 개의 캔 중에서 어느 것(그림 4)의 용량이 더 많을까? 넓은 캔인 오른쪽일까, 아니면 세 배 더 높지만 두 배 더 좁은 왼쪽 캔일까?

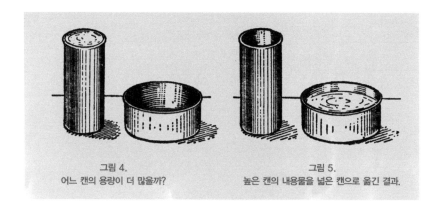

그림 4.
어느 캔의 용량이 더 많을까?

그림 5.
높은 캔의 내용물을 넓은 캔으로 옮긴 결과.

풀 이

많은 사람들이 의외라고 생각할지 모르지만, 이 경우 높은 캔의 용량이 넓은 캔보다 더 적다. 하지만 이 사실은 계산을 해보면 쉽게 알 수 있다. 넓은 캔의 밑변 면적은 2×2배, 즉 4배 더 크지만, 높이는 3배 더 작다. 즉 넓은 캔의 용적은 좁은 캔의 $\frac{4}{3}$배이다. 그래서 높은 캔의 내용물을 넓은 캔에 옮긴다면, 넓은 캔의 $\frac{3}{4}$ 밖에 차지 않는다(그림 5).

4. 거인 담배

담배 회사의 쇼 윈도우에는 거대한 담배가 진열되어있는데, 보통 담배보다 15배 더 길고 15배 더 두껍다. 만일 정상 크기의 담배 하나를 만들기 위해 0.5g의 담배가 필요하다면 쇼윈도우의 이 거인 담배를 만들기 위해서는 얼마만큼의 담배가 필요할까?

풀이

$\frac{1}{2} \times 15 \times 15 \times 15 = 1,687.5g,$

즉 1.5kg 이상이 필요하다.

5. 타조 알

그림 6에는 같은 축척으로 그린 닭의 알(오른쪽)과 타조의 알(왼쪽)이 그려져 있다(중앙에 그려진 것은 멸종한 새 에피오르니스의 알로서 이 알에 대해서는 다음에 언급할 것이다). 그림을 잘 보고 타조 알의 속이 계란의 몇 배가 되는지 말해보자. 얼핏 보면 그 차이가 상당히 커 보이지는 않는다. 그렇기 때

문에 올바른 기하학 계산에 의해 얻어진 결과를 보고 사람들은 더욱 더 놀라움을 금치 못한다.

그림6. 타조 알, 에피오르니스 알, 닭 알의 상대적인 크기.

풀 이

그림에서 치수를 직접 재보면 타조 알은 닭 알보다 2.5배 더 길다. 따라서 타조 알의 용적은 닭 알보다 약 15배가 된다.

$$2\frac{1}{2} \times 2\frac{1}{2} \times 2\frac{1}{2} = \frac{125}{8}$$

아침식사로 한 사람이 계란 프라이 세 개를 먹는다고 했을 때 이런 타조 알 하나만 있으면, 5인 가족의 아침 식사가 해결된다.

6. 에피오르니스 알

그 옛날 마다가스카르 섬에는 에피오르니스라고 하는 거대한 타조가 살았는데, 그 알의 길이는 28cm(평균 크기 – 그림 6)나 되었다. 예를 들어 계란의 길이는 5cm이다. 마다가스카르 섬의 타조 알 한 개는 계란 몇 개에 해당할까?

풀이

$\frac{28}{5} \times \frac{28}{5} \times \frac{28}{5}$ 을 곱하면 약 170이 된다. 그러니까 에피오르니스 알한 개가 계란의 약 200개에 맞먹는 것이다! 언뜻 계산해도 거의 8~9kg정도 나가는 이런 알 한 개만 있으면 50명 이상의 사람들이 배불리 먹을수 있다.

7. 알을 깨지 않은 채 껍질 무게를 알아내는 방법

형태는 같고 크기가 다른 알 두 개가 있다. 이 알들을 깨지 않고 그것들의 대략적인 무게를 알아내야 한다. 이를 위해서는 어떤 종류의 측정을 해야 할까? 이 때 알 두 개의 껍질 두께는 같은 것으로 본다.

알 각각의 긴 축의 길이를 측정하여 D와 d라고 하자. 그리고 첫 번째 알 껍질 무게를 x라고 하고, 두 번째 알 껍질 무게를 y라고 하자. 껍질 무게는 그 표면적, 즉 길이의 제곱에 비례한다. 그렇기 때문에 알 두 개의 껍질 두께를 같다고 하면 다음과 같은 비례식이 얻어진다.

$$x : y = D^2 : d^2$$

다음으로 알들의 무게를 측정하여, P와 p를 얻을 수 있다. 알 속 무게는 그 용적, 즉 길이의 3제곱에 비례한다고 생각할 수 있다.

$$(P - x) : (p - y) = D^3 : d^3$$

이렇게 해서 우리는 두 개의 미지수를 가진 두 개의 방정식을 얻게 되고, 그것을 풀면 다음과 같다.

$$x = \frac{p \cdot D^3 - p \cdot d^3}{d^2(D-d)}, \qquad y = \frac{p \cdot D^3 - p \cdot d^3}{D^2(D-d)}$$

8. 명료한 그림

이제 여러분은 앞의 여러 예를 통해 다양한 길이(크기)를 가진, 기하학적으로 유사한 물체의 용적 비교 방법을 습득하게 되었기 때문에 그런 종류의 어떤 질문에도 당황하지 않을 것이다. 그렇기 때문에 여러분은 흔히 잡지에서 볼 수 있는 몇몇 부정확한 그림 속 잘못된 부분도 쉽게 지적할 수 있을 것이다.

그림 7.
사람은 평생 동안 얼마만큼의 고기를 먹어 치울까 궁금하다(그림 속 잘못된 곳을 찾아라).

여기에 그림이 하나 있다. 만일 사람이 하루에 400g의 고기를 먹는다면, 60년이라는 인생을 산다고 할 때 대략 9톤 정도가 된다. 여기에서 소 한 마리의 무게를 대략 0.5톤이라고 본다면 사람은 죽을 때까지 18마리 소를 먹는다고 할 수 있다.

영어 잡지에서 발췌한 그림 7에는 바로 이 거대한 소가 그려져 있고, 그 옆에는 이 소를 평생 동안 먹어 치운 사람의 모습이 그려져 있다. 이 그림은 맞게 그려진 걸까? 정확한 비례는 과연 무엇일까?

풀 이

그림은 옳지 않다. 여기에 그려진 소는 정상 소보다 18배 더 높고(키가 크고), 물론 그만큼 길이도 더 길고, 폭도 더 넓다. 따라서 체적 면에서 볼 때 이 소는 정상 소의 18 × 18 × 18 = 5,832 배가 된다. 그 정도의 소를 먹으려면 사람은 최소 200년은 살아야 할 것이다!

그림을 정확히 그린다면, 소는 높이, 길이, 폭에 있어서 정상 소의 $3\sqrt{18}$, 즉 2.6배여야 한다. 만일 그림을 제대로 그렸다면 독자로 하여금 놀라움을 불러일으키지 못했을 것이다.

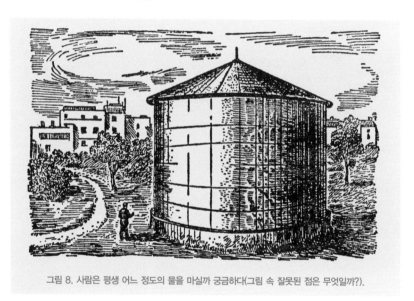

그림 8. 사람은 평생 어느 정도의 물을 마실까 궁금하다(그림 속 잘못된 점은 무엇일까?).

그림 8에는 앞의 경우와 마찬가지의 또 다른 그림이 그려져 있다. 사람은 하루에 다양한 종류의 액체 1.5리터(7~8잔)를 마신다. 이 사람이 70년

을 산다면 대략 40,000리터를 마시게 된다. 보통 양동이 속에 12리터가 들어가기 때문에 이 그림을 그린 사람은 양동이보다 3,300배 더 큰 어떤 용기를 그려야 했고, 그림 8이 바로 그것이다. 그림은 맞는 걸까?

풀이

그림 속 탱크의 크기는 지나치게 크다. 탱크는 보통 양동이보다 높이나 폭에 있어서 $\sqrt[3]{3,300} = 14.9$배, 대략 15배 정도로만 그려야 했다. 만일 보통 양동이의 높이와 폭이 $30cm$라면, 우리가 평생 마시는 물 전체를 넣기 위해서는 높이와 폭이 $4.5m$인 용기로 충분할 것이다. 그림 9에는 올바른 비율로 그려진 용기가 그려져 있다.

그림 9. 사람은 평생 어느 정도의 물을 마실까 궁금하다(그림 8을 참조할 것) – 올바른 그림.

어쨌든 우리가 살펴본 여러 예를 통해서 우리는 용적 형식으로 통계 숫자를 표현할 경우, 즉 비례나 비율에 맞춰 정확하게 그릴 경우 우리가 기대하는 만큼의 놀라움을 독자들에게 불러일으키지는 못하리라는 사실을 알 수 있었다.

9. 우리의 표준체중

모든 사람의 신체가 기하학적으로 닮았다고 한다면(이것은 단지 평균 상으로만 옳은 말이다), 사람들의 신장에 따라 체중을 계산해낼 수가 있다(사람의 평균 신장은 $1.75m$이고, 평균 체중은 $65kg$이다). 그와 같은 계산을 통해 얻어진 결과는 많은 사람들이 예상치 못한 의외의 결과처럼 보일 수 있다.

예를 들어 여러분 신장이 평균보다 $10cm$ 작다고 하자. 그럴 때 여러분에게 있어서 표준 체중이 얼마가 되는지 구해보자.

이런 문제가 나오면 흔히 사람들은 다음과 같이 생각한다. 우선 $10cm$가 표준 신장의 몇 퍼센트가 되는지를 구한 다음 그 퍼센트만큼을 표준 체중에서 빼는 방식이다. 예를 들어 본 문제의 경우 $\frac{10}{175}$ 만큼 $65kg$에서 뺀 체중 $62kg$이 표준 체중이라는 것이다.

하지만 이 계산법은 틀렸다.

올바른 체중을 구하기 위해서는 아래의 비례식에서 구해야 한다.

$65 : x = 1.75^3 : 1.65^3$

$x = $ 약 $54kg.$

보는 것처럼, 흔히 하는 방식에 의해 얻어진 결과와는 $8kg$의 오차가 나는 것으로, 그 차이가 상당히 크다는 것을 알 수 있다.

그와 반대로 평균보다 $10cm$ 큰 신장의 사람에게 있어서 표준 체중은 아래의 비례식으로부터 구해진다.

$65 : x = 1.75^{3} : 1.85^{3}$

여기에서 얻어진 $x = 78kg$으로 즉 평균보다 $13kg$이 더 많다. 이는 우리가 흔히 생각하는 것보다 훨씬 많은 것이다.

말할 필요도 없이 이처럼 정확한 방식으로 얻어진 위의 계산은 표준 체중을 정할 때나 적당한 약의 용량을 계산할 때 등등 의료 현장에서 아주 중요한 의미를 지닌다.

10. 거인과 난쟁이

그렇다면 과연 지구상에 실제로 살았던 거인과 난쟁이의 체중 사이 비율은 얼마나 될까? 거인이 난쟁이보다 50배 더 무거웠다면 많은 사람들은 아마 '에이, 설마' 하는 반응을 보일 것이다. 하지만 기하학적으로 계산해 보면 이것은 사실이다.

실제로 지구상에 살았던 사람 중에 키가 가장 큰 거인들 중에는 오스트리아인 윈켈 마이어가 있는데, 그의 신장은 $278cm$였다. 또 다른 사람으로는 알자스 지방 사람인 크라우가 있는데, 그의 신장은 $275cm$였고, 또 다른 사람으로는 영국인 오브릭이 있는데, 그는 가로등 불로 담뱃불을 붙였다고 하며, 그의 신장은 $268cm$였다. 세 사람 모두 평균 신장의 사람들보다 거의 $1m$ 정도나 키가 더 컸다. 그와 반대로 난쟁이들은 어른이 되어도 약 $75cm$ 정도의 신장을 갖는 것으로 알려져 평균 신장의 사람들보다 $1m$ 정도가 더 작다. 그렇다면 거인과 난쟁이의 체적 및 체중의 비는 과연 얼마나 될까?

$275^3 : 75^3 = 20{,}796{,}875 : 421{,}875 ≒ 50 : 1$

즉 거인은 체중 면에서 거의 50여명의 난쟁이들과 맞먹는 것이다!

신장이 $38cm$인 아랍 난쟁이 아기브에 대한 이야기가 사실이라면 이 비율은 훨씬 더 커질 것이다. 가장 큰 거인이 이 난쟁이보다 7배 정도 더 크기 때문에 따라서 343배나 더 무겁다는 결론이 나온다. 그보다는 신장이 $43cm$인 난쟁이 뷰퐁이라는 사람이 살았다는 말이 더 신빙성이 있는데, 이 경우에도 난쟁이는 거인보다 260배 정도나 더 가볍다.

하지만 거인과 난쟁이 체중의 상관관계에 대한 우리의 평가에 대해 지적해야 할 부분이 있다. 그것은 난쟁이의 신체 비율이 거인과 같다라는 전제하에서 우리 계산이 이루어졌다는 점이다. 여러분이 난쟁이를 본 적이 있다면 키가 작은 사람은 평균 신장의 보통 사람과는 뭔가 좀 다르게 생겼고, 그들의 신체나 손, 머리 크기의 균형이 다르다는 것을 눈치챘을 것이다. 위에서 우리가 살펴본 경우 실제로 체중을 재보면 50배보다 적게 나온다.

11. 왜 먼지와 구름은 공중에 떠다닐까?

"먼지나 구름은 공기보다 가볍기 때문이지." 대다수 사람들은 아마 이렇게 대답할 것이고 또 당연한 거 아니냐는 반응을 보일 것이다. 하지만 그런 말은 완전히 틀린 것이다. 먼지는 공기보다 가볍지 않으며 오히려 수백 배, 혹은 수천 배 더 무겁기 때문이다.

그렇다면 '먼지'란 무엇인가? 다양한 무거운 물체가 아주 잘게 부서진 입자들인데, 돌이나 유리 파편, 석탄이나 나무, 금속, 섬유 조각 등이다. 과연 이런 모든 물체들이 공기보다 가벼울까? 비중표를 보면 이 사실은 쉽게 확인할 수 있다. 각각은 모두가 물보다 몇 배 더 무겁거나 설령 물보다 가볍다고 해도 기껏해야 2-3배 가벼울 뿐이다. 그리고 물 같은 경우에는 공기보다 800배나 무겁기 때문에 먼지는 공기보다 최소한 수백 배는 더 무겁다.

그러면 공기보다 무거운 먼지가 공중에 떠다니는 진정한 이유는 무엇일까? 먼지가 떠다닌다고 흔히 생각하는데, 그 자체가 옳지 않다는 점을 우선적으로 지적해야 한다. 공기 중에(혹은 물에) 뜨는 것은 오직 같은 체적의 공기(혹은 물)보다 무게가 가벼운 물체들뿐이다. 그런데 먼지는 같은 체적의 공기보다 훨씬 무겁기 때문에 먼지가 공기 중에 떠다니는 것은 불가능하다. 먼지는 떠다니지 않을 뿐 아니라, 공기의 저항에 방해를 받으며 천천히 내려앉는 것이다. 떨어지는 먼지는 공기 입자를 밀거나 끌어당기면서 그것들 사이를 빠져나간다. 그런 과정 속에서 낙하 에너지는 소비되어 버린다. 이렇게 소비되는 에너지는 물체의 무게에 비해 그 표면적(정확하게 말하면 횡단면의 면적)이 클수록 더 커진다. 크고 무거운 물체가 떨어질 때 우리는 공기 저항의 지연시키는 작용을 알아채지 못한다. 왜냐하면 물체의 무게가 저항력보다 훨씬 크기 때문이다.

하지만 물체가 작을 때는 어떤 일이 일어날까? 이것을 이해하기 위해서는 기하학의 도움이 필요하다. 물체의 체적이 감소함에 따라 무게는 횡단면의 면적보다 훨씬 더 줄어든다는 사실은 쉽게 짐작할 수 있다. 왜냐하면 무게는 길이의 3제곱에 비례하여 줄지만 공기의 저항은 면적, 즉 길이의 2제곱에 비례하여 줄어들기 때문이다.

우리가 살펴보고 있는 이 경우 그것이 어떤 의미를 지니는 지에 대해서는 다음의 예를 통해 명백하게 알 수 있다. 예를 들어 지름이 $10cm$인 크로켓 공과 같은 재료로 만든 지름 $1mm$의 작은 크로켓 공이 있다고 하자. 작은 공은 큰 공의 100분의 1로 무게는 100^3분의 1, 즉 1백만 분의 1이다. 하지만 공기의 저항은 100^2분의 1, 즉 1만분의 1이다. 당연히 작은 공은 큰 공보다 천천히 떨어지게 된다. 간단히 말해서 먼지가 공기 중에 머무는 것은, 그것이 공기보다 가볍기 때문이 아니라, 공기 저항이 무게에 비해 크기 때문이다. 반경이 $0.001mm$인 물방울은 공기 중에서 1초당 $0.1mm$ 속도로 떨어지는데, 그러한 느린 낙하를 방해하는 공기의 흐름을 우리는 거의 느낄 수 조차 없다.

바로 그런 이유로 인해 사람들이 많이 드나드는 방에는 텅 빈 방에서보다 먼지가 덜 쌓이며, 또 낮에는 밤보다 먼지가 덜 쌓이는데, 언뜻 생각하기에는 그 반대가 되어야 할 것처럼 느껴진다. 낙하를 방해하는 것은 공기 중에 발생하는 소용돌이인데, 이것은 사람들이 적게 드나드는 공간의 고요한 공기 중에서는 거의 생겨나지 않기 때문이다.

만일 한 변이 $1cm$인 돌의 입방체를 한 변이 $0.0001mm$인 입방체로 잘게 부순다면, 돌의 표면적 합계는 10,000배나 되고, 그만큼 공기의 저항도 눈에 띄게 커진다. 먼지는 드물지 않게 그 정도의 크기가 되곤 하는데, 이처럼 매우 커진 공기 저항이 낙하 모습을 완전히 바꾼다는 사실은 충분히 이해가 된다.

구름 역시 똑같은 이유에 따라 공기 중에 '떠다닌다.' 마치 구름이 수증기로 가득 찬 수증기포로 이루어져있는 것처럼 주장하는 낡아빠진 견해는 이미 오래 전에 폐기처분 되었다. 구름은 엄청나게 작지만 빈틈없이 차있는 매우 많은 수의 수증먼지가 모인 것이다. 이들 먼지는 비록 공기보다 800배 무겁지만 거의 낙하하지 않는다. 그것들은 거의 눈에 띄지 않는 속도로 떨어질 뿐이다. 이처럼 낙하가 심하게 지연되는 것은 먼지에서와 마찬가지로 무게에 비해 그 표면적이 매우 넓기 때문이다.

그렇기 때문에 가장 약한 상승기류는 구름을 일정 수준에 유지시키면서 아주 느린 구름의 낙하를 중단시킬 뿐만 아니라, 그것들을 위쪽으로 들어 올릴 수도 있다.

이 모든 현상에 대한 주요 원인은 공기의 존재이다. 진공 속에서는 먼지나 구름도(만일 존재할 수 있다면) 무거운 돌처럼 그렇게 급속한 속도로 떨어질 것이다.

낙하산을 탄 사람이 천천히 떨어지는 것도(1초당 약 $5m$) 바로 이런 맥락에서 설명할 수 있다.

걸리버의 기하학

『걸리버 여행기』의 저자는 세심한 주의를 기울이면서 기하학 부분에 있어서 혹시 있을지도 모를 실수를 잘 피하고 있다. 릴리푸트 나라에서는 우리의 피트(0.305m-역자 주)에 상응하는 인치(2.54cm-역자 주)가 사용되었고, 거인 나라에서는 그 반대로 우리의 인치에 해당하는 피트가 사용되었음을 여러분은 물론 기억할 것이다. 달리 말하면, 릴리푸트 나라에서 모든 사람, 모든 물건, 모든 생산물은 정상보다 12배 작고, 거인 나라에서는 12배 더 크다. 얼핏 단순해 보이는 이러한 관계는, 하지만 아래의 질문에 답을 하려고 하자 상당히 복잡한 것으로 변해버린다.

1) 걸리버는 식사할 때 릴리푸트 사람보다 몇 배나 더 먹었을까?

2) 걸리버의 옷을 만들어주려고 할 때 릴리푸트 사람보다 몇 배의 옷감이 더 필요했을까?

3) 거인 나라의 사과는 무게가 어떻게 될까?

『걸리버 여행기』의 작가는 대부분의 경우 위와 같은 문제들을 상당부분 성공적으로 잘 해결하고 있다. 만일 릴리푸트 사람의 키가 걸리버보다 12배 작으므로, 그의 몸의 체적은 12 × 12 × 12, 즉 1,728배 더 작다. 따라서 걸리버의 몸이 포식하기 위해서는 릴리푸트 사람보다 1,728배 더 많은 식량이 필요하다고, 작가는 정확하게 계산하고 있다.

그림 10. 릴리푸트 재봉사들이 걸리버의 치수를 재고 있다.

『걸리버 여행기』에는 걸리버의 식사 장면을 이렇게 묘사하고 있다.

300명의 요리사들이 나의 식사를 준비했다. 내 집 주변에는 여러 막사들이
설치되어 내 식사를 준비하고 요리사들과 그 가족들이 생활하였다. 식사시간
이 되면, 나는 20명의 하인들을 양 손 위에 올린 다음 식탁 위로 옮겨다 놓

았고, 100명 정도 되는 사람들은 식탁 주변에서 시중을 들었다. 일부는 음식을 날랐고, 나머지 사람들은 포도주와 다른 음료가 담긴 통을 어깨에 맨 채 운반했다. 위에 있는 사람들은 필요할 경우 밧줄 등을 이용해서 이 모든 것을 식탁 위로 올렸다……

스위프트는 걸리버에게 필요한 옷감 양 역시 정확하게 계산했다. 걸리버 몸의 표면적은 릴리푸트 사람보다 12 × 12 = 144배가 더 크다. 즉 옷감이나 재봉사 등이 바로 그 만큼 더 필요한 것이다. 스위프트는 이 모든 것을 고려했다. 그는 걸리버의 입을 통해 이렇게 말한다. "그 나라 풍의 양복 한 벌을 (걸리버에게-역자 주) 만들어주라는 명령을 받고, 300명의 릴리푸트 재봉사들이 그가 있는 곳으로 파견되었다(그림 10)."(작업을 서둘러야 했기 때문에 보통 때의 두 배나 되는 재봉사들이 필요했다.)

스위프트의 책에는 거의 매 페이지마다 그와 같은 계산을 해야 한다. 그리고 대체로 그의 계산은 정확하다. 『걸리버 여행기』에서 모든 크기는 기하학 법칙에 따르고 있다. 단지 아주 가끔 이와 같은 비율이 지켜지지 않는 경우가 있는데, 특히 거인의 나라를 묘사할 때 그러하다. 여기서는 가끔 오류가 나타난다.

걸리버는 말한다.

한번은 궁정 난쟁이가 우리와 함께 정원에 간 적이 있다. 내가 어느 나무 아래에 다다르자 그 순간을 놓치지 않고 그는 나뭇가지를 붙잡고 내 머리 위에서 흔들어댔다. 작은 나무통 크기의 사과들이 우수수 소리를 내며 땅에 떨어졌고, 그 중 한 개가 내 등에 떨어져 나는 그 자리에 넘어졌다……

걸리버는 그렇게 얻어맞은 다음 다행히 벌떡 일어났다. 하지만 그런 사과가 떨어지면서 가하는 충격은 한마디로 엄청난 파괴력을 지닌다. 알다시피 보통 사과보다 1,728배 더 무거운 무게 $80kg$의 사과가 12배나 높은 곳에서 떨어진 것이다. 그 충격 에너지는 보통 사과의 낙하 에너지보다 20,000배나 되는 것으로, 포탄이 터지는 에너지와 맞먹는 것이기 때문이다…….

스위프트가 가장 큰 오류를 범한 것은 거인들의 근육 힘을 계산할 때이다. 우리가 이미 알고 있듯이 거대한 동물의 힘은 그 크기에 비례하지 않는다. 만일 이 생각을 스위프트 책의 거인들에게 적용한다면, 비록 그들의 근육 힘이 걸리버의 힘보다 144배 더 강하지만, 그들의 몸무게는 1,728배 더 무겁다. 따라서 걸리버가 자기 자신의 몸무게뿐만 아니라 대략 그 정도 무게의 물건도 들어 올릴 수 있었던 반면에, 거인들은 자신의 거대한 몸무게조차 들어 올릴 수 없었을 것이다. 그들은 그저 뭔가 의미 있는 활동을 전혀 하지 못한 채 그저 한 곳에서 움직이지 않고 누워있을 수밖에 없었을 것이다. 스위프트가 그토록 멋지게 묘사한 거인들의 위력은 정확하지 않은 계산의 결과에 의해서만 가능한 것이다.

08

기하학으로 푸는 경제학

✤

사람들은 경제학과 수학의 연관성에 대해 잘 알고 있습니다. 통계 등의 지표들을 이용해서 경제학을 살펴볼 수 있으니 당연히 대수학과 많은 관계가 있다는 것을 잘 알고 있습니다. 그리고 실제로 대수학적인 지식으로 경제학의 일부를 충분히 알아낼 수 있습니다.

하지만 대수학만큼 기하학도 경제학과 깊은 연관이 있습니다. 만약 기하학을 제대로 이해한다면 경제 관념이 그만큼 높아지고 경제를 읽는 눈도 한층 높아지게 됩니다. 대수학이 경제학에서 이미 벌어진 사실들 또는 일어날 수 있는 사실들을 가정하는데 도움이 된다면 기하학은 경제학에서 위의 사실들이 어떻게 일어나게 되는지 과정을 알려주는 것입니다. 그렇기 때문에 경제학에서 기하학은 아주 중요한 위치를 차지합니다. 경제학 속의 기하학을 제대로 이해한다면 새로운 수익과 잃어버린 수익을 찾을 수 있습니다.

이번 장에서는 기하학과 경제학이 어떻게 관계가 있는지 자세하게 알아보도록 합시다.

1. 파홈과 땅

톨스토이의 유명한 단편소설 「사람에게 얼마나 많은 땅이 필요할까?」
에서 발췌한 대목으로 시작해보자.

"가격이 얼마요?" 파홈이 묻는다.

"가격은 딱 하나요. 하루에 1,000루블."

이 말을 파홈은 이해하지 못했다.

"하루라니요? 글쎄 그게 몇 헥타르인데요?"

촌장은 말했다.

"우린 그런 거 몰라요. 그냥 하루치를 팔 뿐이요. 하루 종일 걸어서 돌
아온 땅은 모두 당신 것이란 말이요. 가격은 1,000루블이고."

파홈이 놀라면서 물었다.

"하지만 하루 종일 걷는다면 꽤 많은 땅을 걸을 수 있을 텐데요."

그러자 촌장이 껄껄 웃으며 말했다.

"그게 모두 당신 것이라니까. 단 한 가지 조건이 있소. 만약 그 날 중으로 출발점에 돌아오지 못하면 당신 돈은 우리 것이요."

파홈이 물었다.

"그런데 내가 지나갔다는 걸 어떻게 표시하죠?"

"뭐, 우린 당신이 원하는 곳에 서 있을 거요. 그러니까 당신은 가서 한 바퀴를 돌고 오면 되는 거요. 원한다면 삽을 들고 가서 원하는 곳에 표시를 하던가, 모퉁이에 구멍을 파서 잔디를 넣어도 되고. 그러면 나중에 그 구멍들 사이를 쟁기질해서 연결할 테니까. 하여튼 어떤 모양으로든 돌아오기만 하면 되는 거요. 단, 해가 저물기 전에 원래 출발점으로 돌아와야 됩니다. 그리고 그렇게 해서 한 바퀴 돌아온 땅은 모두 당신 것이 되는 거요."

이렇게 그들은 헤어졌다. 내일 새벽에 다시 만날 것을 약속한 채.

초원에 도착했을 때 날은 어느덧 밝기 시작했다. 촌장이 파홈에게 다가오더니 손으로 가리키며 말했다.

"자, 지금 눈에 보이는 게 전부 우리 땅이요."

촌장은 여우가죽 모자를 벗어 땅에 내려놓았다.

"그리고 이게 표식이요. 여기를 출발해서 여기로 돌아오면 되는 거요. 당신이 한 바퀴 돌아온 땅은 모두 당신 것이요."

저 멀리 해가 솟아오르기 무섭게 파홈은 삽을 들고 초원을 향해 걷기 시작했다.

그림 1. 파홈이 있는 힘을 다해 달리고 있을 때 해는 벌써 뉘엿뉘엿 지고 있다.

1베르스타(1.067km – 역자 주)쯤 걸었을 때 그는 걸음을 멈추고 구멍을 팠다. 그리고 난 뒤 또 걷기 시작했다. 얼마쯤 걸었을까 그는 또 구멍을 팠다.

5베르스타 정도 지나온 그는 태양을 쳐다보았다. 벌써 식사시간이었다.

'구역 하나를 지나왔구나.' 파홈은 생각했다. '하지만 하루를 넷으로 나눠 걷는다고 하면, 꺾어지는 것은 아직 일러. 그래, 한 5베르스타 정도 더 간 다음 그 때 왼쪽으로 꺾어지자.'

그는 계속해서 똑바로 걸어갔다.

'흠, 이쪽 방향은 충분한 것 같군. 이젠 꺾어져야겠다.'

이렇게 생각한 파홈은 그 자리에 멈춰 서서 좀더 큰 구멍을 판 다음 급격히 왼쪽으로 방향을 꺾었다.

그는 바뀐 방향으로도 한참을 걸었다. 이어서 두 번째 모퉁이를 급하게 돌았다. 파홈은 언덕 쪽을 쳐다보았다. 온기로 인해 옅은 안개가 깔려있었고, 그 사이로 언덕 뒤 사람들의 모습이 어슴푸레 보였다.

'자, 긴 방향들은 다 했으니까 이젠 좀 짧은 걸 해야겠다.'

파홈은 이렇게 생각한 뒤 세 번째 방향으로 나아갔다. 그는 태양을 쳐다보았다. 어느 덧 태양은 점심 무렵에 다가오는데, 세 번째 변으로는 겨우 2베르스타를 지나왔을 뿐이었다. 목적지까지는 15베르스타 정도가 더 남아있었다.

파홈은 생각했다.

'아니야. 땅 모양이 비뚤어질지 모르지만 서둘러 가야겠다.'

그는 서둘러 구덩이를 판 다음 언덕을 향해 방향을 바꿨다.

파홈은 곧장 언덕을 향해 걷는다. 하지만 그의 몸은 이미 천근만근이었다. 그는 좀 쉬고 싶었지만 그럴 수가 없었다. 해가 지기 전에 도착하지 못할 것이기 때문이다. 게다가 태양은 이미 지평선으로 기울어 있었다.

그렇게 파홈은 계속 걷는다. 힘들었지만 걸음을 더욱 빨리 했다. 그는 걷고 또 걸었다. 여전히 목적지까지는 한참 남았다. 파홈은 이제 뛰기 시작했다. 뛰고 있는 그의 윗도리도, 바지도 온통 땀에 젖은 채 몸에 찰싹 달라붙어버렸고, 입안은 완전히 말라있었다. 가슴은 대장간 풀무처럼 부풀었고, 심장은 마치 망치로 두드리듯이 뛰고 있었다.

파홈은 있는 힘을 다해 뛰었다. 한편 태양은 이미 지평선 쪽으로 내려앉기 시작했다(그림 1).

하지만 목적지 역시 얼마 남지 않았다. 이미 여우 모자와 함께 앉아있는 촌장의 모습도 보였다.

파홈은 태양을 쳐다보았다. 벌써 태양은 거의 지면에 닿아있었고, 끝부분은 조금씩 가라앉기 시작했다. 파홈은 죽을힘을 다해 언덕을 뛰어오르기 시작했다. 모자가 보인다. 그의 다리가 휘청거렸고, 그는 앞으로 넘어지면서 두 손으로 모자를 움켜잡았다.

"우와, 대단하군!"

촌장이 소리치며 말했다.

"당신은 이제 많은 땅을 갖게 된 거요."

일꾼 한 명이 급히 달려가서 파홈을 일으키려고 했지만, 그의 입에서는 이미 피가 흐르고 있었고, 그는 이미 숨을 거둔 뒤였다⋯⋯.

이 이야기의 비극적인 결말은 논외로 하고, 기하학적인 부분을 살펴보기로 하자. 이 소설 속에 나타난 여러 사실을 종합해볼 때 과연 파홈은 몇 제샤치나(1,092 헥타르에 해당 – 역자 주)의 땅 주변을 걸어왔을까? 이 문제는 언뜻 보기에 풀 수 없을 것 같아 보이지만, 실제로는 상당히 쉽게 풀 수 있다.

풀 이

이 이야기를 주의 깊게 읽으면서 그 안에 담긴 모든 기하학 자료를 추출해보면, 이 문제를 풀기에 충분한 자료라는 사실을 알게 될 것이다. 파홈이 걸었던 땅 부분의 평면도까지도 그릴 수가 있다.

무엇보다도 우리가 소설에서 알 수 있는 것은 파홈이 사각형(사변형)의 변들을 따라 걷거나 뛰었다는 사실이다. 그 첫 번째 변에 대해 소설에는 이렇게 쓰여있다.

"약 5베르스타 정도를 그는 걸었다……. 5베르스타 정도 더 걸어간 다음, 그 때 왼쪽으로 꺾어야겠다……."

다시 말해서 사각형의 첫 번째 변은 약 10베르스타의 길이이다.

첫 번째 변과 직각을 이루는 두 번째 변에 대해 소설에는 그 구체적 숫자에 대한 언급이 없다.

두 번째 변과 직각을 이루는 세 번째 변의 길이는 소설에 직접 언급이 되어 있다. "세 번째 변을 따라 겨우 2베르스타 정도 걸었을 뿐이며……."

네 번째 변의 길이에 대해서도 직접적으로 언급되어있다. "목적지까지는 15베르스타가 남았다." 여기에서 이해가 안 되는 점은, 파홈이 어떻게 그 거리에서 언덕 위 사람들을 분간할 수 있었느냐 하는 점이다.

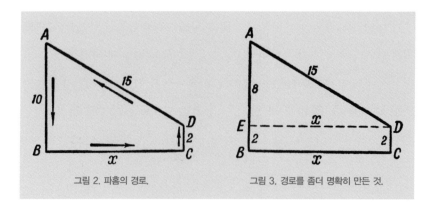

이 자료에 따라 우리는 파홈이 걸어온 땅의 도면을 그릴 수 있다(그림2). 그렇게 해서 얻어진 사변형 $ABCD$에서 변 $\overline{AB}$ = 10베르스타, $\overline{CD}$ = 2베르스타, $\overline{AD}$ = 15베르스타, $\angle B$와 $\angle C$는 직각이다. 변 $\overline{BC}$ 의 길이 x는 알려져 있지 않지만, $\overline{AB}$에 수직선인 $\overline{DE}$ 를 D에서 긋는다면 쉽게 구할 수 있다(그림 3). 그럴 때 직각삼각형 AED에서 한 변 $\overline{AE}$ = 8베르스타, 빗변 $\overline{AD}$ = 15베르스타인 것을 우리는 알고 있다. 알려져 있지 않은 변 $\overline{ED}$ = $\sqrt{15^2 - 8^2}$ ≒ 13베르스타이다.

그렇게 해서 두 번째 변의 길이는 약 13베르스타이다. 우리는 여기에서 파홈이 두 번째 변을 첫 번째 변보다 더 짧다고 생각하는 오류를 범했음을 알 수 있다.

보는 것처럼, 파홈이 뛰어왔던 땅 부분의 도면을 상당히 정확하게 그릴 수가 있다. 확실히 톨스토이는 소설을 쓸 때 그림 2와 유사한 도면을 머릿속에 그렸을 것이다.

이제 사다리꼴 $ABCD$의 면적도 쉽게 구할 수 있는데, 이 사다리꼴은 직사각형 $EBCD$와 직각삼각형 AED로 되어 있다. 그것은 다음과 같다.

$$2 \times 13 + \frac{1}{2} \times 8 \times 13 = 78 \text{ 평방 베르스타.}$$

우리는 이로써 파홈이 78 평방 베르스타(1평방 베르스타는 약 1.138km^2 – 역자 주), 혹은 약 8,000 제샤치나 만큼의 넓은 땅 주변을 둘러왔음을 알 수 있다. 여기에서 1 제샤치나의 가격은 그에게 있어서 12 코페이카 반 정도가 된 것이다.

2. 사다리꼴 혹은 직사각형

운명의 날, 파홈은 사다리꼴의 변들을 따라 10 + 13 + 2 + 15 = 40베르스타를 걸었다. 그는 처음에 직사각형의 변들을 따라 걸어갈 작정이었다. 하지만 계산을 제대로 하지 못한 탓에 사다리꼴이 되어버렸다. 그렇다면 그가 얻은 토지 모양이 직사각형이 아니라 사다리꼴이 된 것이 파홈에게는 이득이었을까 아니면 손해였을까? 어떠한 경우 그는 가장 많은 토지를 얻을 수 있었을까?

풀 이

둘레가 40베르스타인 직사각형은 수없이 많이 있을 수 있고, 그 각각은 서로 다른 면적을 가지고 있다. 일부 예를 들어보자.

14 × 6 = 84평방 베르스타

13 × 7 = 91평방 베르스타

12 × 8 = 96평방 베르스타

11 × 9 = 99평방 베르스타

보는 것처럼, 이들 모든 직사각형은 둘레가 같은 40베르스타일 때 면적이 우리의 사다리꼴보다 더 크다. 하지만 둘레가 40베르스타이지만 면적이 사다리꼴에서보다 더 작은 직사각형들도 있다.

18 × 2 = 36평방 베르스타

19 × 1 = 19평방 베르스타

$19\frac{1}{2} \times \frac{1}{2} = 9\frac{3}{4}$ 평방 베르스타

따라서 사다리꼴이 이익인지 아닌지에 대한 질문에 대한 명백한 답변을 줄 수는 없다. 똑같은 둘레일 때 사다리꼴보다 더 큰 면적을 가진 직사각형들도 있고, 더 작은 면적을 가진 직사각형들도 있기 때문이다. 그 대신 둘레 길이가 일정한 직사각형 중 어떤 것이 가장 큰 면적을 가지는가에 대한 질문에는 상당히 확실한 답변을 할 수 있다. 사각형들을 비교해보면 우리는 변들의 길이의 차이가 작을수록 사각형의 면적은 커진다는 것을 알 수 있다. 그러므로 이 차이가 아주 없어질 때, 즉 직사각형이 정사각형이 될 때 그 면적은 최대가 된다. 그 때 면적은 10 × 10 = 100평방 베르스타가 될 것이다. 정말로 이 정사각형은 똑같은 둘레를 지닌 그 어떤 사각형 면적보다 훨씬 큰 면적을 가지고 있음을 알 수가 있다. 그러니까 파홈은 땅을 최대한 많이 얻기 위해 정사각형의 변들을 따라 걸었어야 했다. 그랬다면 그가 얻은 것보다 22 평방 베르스타 만큼 더 얻을 수 있었을 것이다.

3. 다른 형태의 땅 면적

하지만 만일 파홈이 직사각형의 형태가 아닌 다른 형태, 그러니까 그냥 사각형이거나 삼각형, 혹은 오각형 등의 다른 형태였다면 더 많은 땅을 손에 넣을 수 있지 않았을까?

이 문제는 순수하게 수학적인 면에서 살펴볼 수 있다. 하지만 여러분을 위해 여기에서는 깊숙이 분석하는 것은 건너뛰고 그 결과에 대해서만 알아보겠다.

우리가 증명할 수 있는 것은 다음과 같다. 첫째, 둘레길이가 같은 모든 사각형 중에서 최대 면적을 가진 것은 정사각형이다. 그렇기 때문에 만일 파홈이 사각형 모양의 땅을 원했다면 그는 아무리 지혜를 짜내도 100평방 베르스타 이상은 얻지 못했을 것이다(그가 하루 종일 걸을 수 있는 최대 거리가 40베르스타라는 것을 염두에 두었을 때).

둘째, 정사각형이 같은 둘레의 그 어떤 삼각형 보다 더 많은 면적을 가진다는 사실은 증명할 수 있다. 둘레 길이가 같은 정삼각형의 한 변의 길이는 $\frac{40}{3}$ = $13\frac{1}{3}$ 베르스타이고, 그 면적은(S가 면적이고, a가 변일 때 면적 $S = \frac{a^2\sqrt{3}}{4}$ 이므로)

$$\frac{1}{4}\left(\frac{40}{3}\right)^2\sqrt{3} \fallingdotseq 77평방 베르스타$$

이다. 다시 말해서 이것은 파홈이 둘레를 돌아 얻어낸 사다리꼴에서보다도 더 적은 것이다. 앞으로 언급이 되겠지만 둘레길이가 같은 모든 삼각형 중에서 정삼각형이 가장 큰 면적을 가진다. 만일 이 최대의 정삼각형에서조차 면적이 정사각형의 것보다 작다면 같은 둘레의 다른 모든 삼각형은 당연히 정사각형보다 그 면적이 더 작다.

하지만 만일 정사각형의 면적을 같은 둘레의 오각형이나 육각형 등과 비교한다면, 사각형은 더 이상 우세하지 않다. 정오각형은 더 많은 면적을 가지고 있으며, 정육각형은 그보다 더 많은 면적을 가지고 있다. 정육각형을 예로 들어보면 이 사실을 쉽게 확인할 수 있다. 둘레길이가 40베르스타일 때 한 변의 길이는 $\frac{40}{6}$ 이 되며 면적($S = \frac{3a^2\sqrt{3}}{2}$)은

$$\frac{3}{2}\left(\frac{40}{6}\right)^2\sqrt{3} \fallingdotseq 115$$ 평방 베르스타

가 된다.

만일 파홈이 형태를 정육각형으로 선택했다면 그는 같은 힘과 노력을 들이고도 37평방 베르스타 더 많은 115평방 베르스타의 토지를 얻을 수 있었을 것이다. 이것은 그의 정사각형 모양보다 15평방 베르스타나 더 많다(물론 이를 위해서 그는 길을 떠날 때 각도 재는 도구를 소지해야 했을 것이다).

여섯 개의 성냥개비를 가지고 최대 면적을 가진 형태를 만들어라.

풀 이

여섯 개의 성냥개비가 있다면 상당히 다양한 형태의 모양을 만들 수가 있다. 정삼각형, 직사각형, 수많은 평행사변형, 다양한 모양의 오각형들, 그리고 물론 정육각형도 있다. 기하학자라면 이들 모양의 면적을 서로 비교하지 않더라도 어떤 형태가 가장 큰 면적을 가지고 있는지 처음부터 알았을 것이다. 당연히 정육각형이다.

4. 못

만일 못들이 똑같이 깊숙이 박혀있고 또 똑같은 단면적이라고 할 경우, 원형 못, 사각형 못, 삼각형 못 중에서 어떤 못이 가장 **빼기** 어려울까?

풀 이

주변 재료와 더 많은 표면을 접촉하고 있는 못이 더 단단하게 박혀있다는 생각에서부터 출발하자. 그렇다면 우리의 못들 중에서 가장 큰 측면을 가진 것은 어떤 못일까? 우리가 이미 알고 있듯이 면적이 같은 경우에 사각형의 둘레가 삼각형 둘레보다 작고, 원은 사각형 둘레보다 작다. 그런 식으로 다른 못들보다 더 단단히 박혀있는 것은 삼각형 못이 된다.

하지만 삼각형의 못을 만들지는 않는다. 최소한 시중에서 파는 것을 본 적은 없는 것 같다. 그 이유는 아마도 삼각형 못이 쉽게 구부러지고 꺾이기 때문일 것이다.

5. 최대 체적의 물체

원의 성질과 유사한 성질을 가진 것으로 구면(球面)도 있다. 구면은 표면적이 일정할 때 최대의 체적을 가진다. 또한 그와는 반대로 같은 체적인 모든 물체 중에서 가장 작은 표면적을 가진 것도 구이다. 일상생활에서 구의 이런 여러 특성은 중요한 의미를 지닌다. 구 형태의 주전자는 같은 체적의 원통형이나 어떤 다른 형태의 주전자들 보다 더 작은 표면적을 가지고 있으며, 물체는 단지 표면으로부터 열을 잃기 때문에 구 형태의 주전자가 같은 체적의 다른 어떤 주전자보다 더 천천히 식게 된다. 또 반대로, 온도계의 수은주는 구 형태가 아니라 원통형일 때 더 빨리 따뜻해지고 차가워진다(즉 주변 물체의 열을 더 빨리 받아들인다).

똑같은 이유로 인해 딱딱한 덮개와 핵으로 이루어진 지구도 만일 표면의 형태가 바뀐다면 체적이 줄고 밀도가 높아질 것이다. 즉 어떤 원인에 의해 지구의 외면이 구의 형태에서 벗어나 다른 형태가 되면 어떤 경우이든 그 내부 물질은 압축될 수 밖에 없다. 아마도 이러한 기하학적 사실이 지진이나 혹은 전반적으로 지각 변동과 관련이 있을 수도 있지만, 이 부분에 대해서는 지질학자들의 의견을 들어봐야 할 것이다.

6. 같은 인수들을 곱하기

지금까지 우리가 푼 문제들은 일종의 경제학적 측면에서 바라본 것이다. 일정한 힘이 소모될 때(예를 들어 40베르스타를 걷는다고 할 때) 어떻게 하면 가장 이득이 되는 결과를 얻어낼 수 있을까(가장 많은 땅을 걸어서 얻어내는 것) 등이다. 그래서 책의 해당 장의 제목도 '기하학의 경제학' 이라고 붙인 것이다. 하지만 이것은 저자가 마음대로 정한 것이다. 실제로 수학에서는 이러한 류의 문제들을 다른 제목, 즉 '최대 및 최소' 의 문제라고 부른다. 그러한 문제들은 소재나 어려움 정도에 있어서 상당히 다양할 수 있다. 많은 문제들이 오직 고등수학에 의해서 해결되기도 하지만 반면에 가장 초보적인 지식만으로도 충분히 해결할 수 있는 문제들도 적지 않다. 자, 그럼 이제부터는 합이 같은 인수가 갖는 한 가지 흥미로운 성질을 이용해서 기하학 영역에서의 유사한 문제들을 살펴보기로 하자.

여러분은 두 개의 인수가 갖는 이 같은 성질에 대해 이미 알고 있다. 동일한 둘레일 때 정사각형의 면적이 직사각형 중 가장 크다는 것을 우리는 알고 있다. 만일 이러한 기하학적 상태를 수학 언어로 옮긴다면 이렇게 될 것이다. 수를 두 부분으로 나눠서 그 곱이 최대가 되도록 하려면 수를 이등분해야 한다. 예를 들어

$$13 \times 17, 16 \times 14, 12 \times 18, 11 \times 19, 10 \times 20, 15 \times 15$$

등은 인수의 합이 30인 것으로, 곱이 최대가 되는 것은 15×15일 때인데, 인수를 분수로 만들어도 마찬가지이다($14\frac{1}{2} \times 15\frac{1}{2}$ 등).

합이 일정한 세 개의 인수를 곱할 때에도 역시 마찬가지이다. 인수들이 서로 같을 때 그 곱은 최대가 된다. 이것은 앞의 경우로부터 그대로 도출된다. 세 개의 인수를 x, y, z라고 하고, 그 합을 a라고 하면

$$x + y + z = a$$

이다. 이 때 x와 y는 서로 같지 않다고 하자. 만일 그 두 개를 각각 $\frac{x+y}{2}$로 바꾼다고 해도 인수들의 합은 변하지 않는다.

$$\frac{x+y}{2} + \frac{x+y}{2} + z = x + y + z = a.$$

하지만 앞의 정리에 따라

$$\left(\frac{x+y}{2}\right)\left(\frac{x+y}{2}\right) > xy$$

이기 때문에 세 개 인수의 곱인

$\left(\dfrac{x+y}{2}\right)\left(\dfrac{x+y}{2}\right)z$는

곱 xyz보다 더 크다.

$$\left(\dfrac{x+y}{2}\right)\left(\dfrac{x+y}{2}\right)z > xyz$$

따라서 $x + y + z = a$ 일 경우

$$x = y = z$$

일 때 그 곱 xyz가 최대가 된다.

같은 인수들의 이러한 성질에 대한 지식을 이용해서 몇 가지 재미있는 문제를 풀어보자.

7. 최대면적의 삼각형

그 변들의 합이 일정할 때 삼각형이 최대면적을 갖기 위해서 삼각형은 어떤 형태여야 할까?

이러한 성질을 가진 것이 정삼각형이라는 것을 우리는 알고 있다(〈3. 다른 형태의 땅 면적〉을 참고할 것). 그럼 과연 이것을 어떻게 증명해야 할까?

풀 이
기하학 수업에서 배운 것처럼, 세변 a, b, c와 둘레 $a + b + c = 2p$인 삼각형의 면적 S는 다음과 같다.

$$S = \sqrt{p(p-a)(p-b)(p-c)}$$

여기에서

$$\frac{S^2}{p} = (p-a)(p-b)(p-c)$$

따라서 삼각형의 면적 S가 최대가 되는 것은, S^2이 최대가 될 때, 또는 둘레의 반인 p가 조건에 따라 일정하므로 $\dfrac{S^2}{p}$이 최대가 될 때이다. 그러므로 문제는 과연 어떤 조건에서 우변의

$$(p-a)(p-b)(p-c)$$

가 최대가 되느냐 하는 것이다. 이들 세 개의 인수 합이 일정하다는 것을 알게 된 후에

$$p - a + p - b + p - c = 3p - (a + b + c) = 3p - 2p = p$$

우리는, 이 곱이 최대가 되는 것은 이들 인수들이 같을 때, 즉 아래의 등식이 성립될 때라는 결론을 얻게 되고,

$$p - a = p - b = p - c$$

여기에서

$$a = b = c$$

일 경우에 이 곱이 최대가 된다는 결론을 얻게 된다. 그렇게 해서 둘레의 길이가 일정한 삼각형은 그 변들이 서로 같을 때 최대면적을 갖게 된다.

8. 가장 무거운 각목

원통형 통나무를 톱으로 켜서 가장 무거운 각목을 만들려고 한다. 어떻게 해야 할까?

이 문제는 최대 면적의 사각형을 원 속에 내접시키는 것에 관한 문제이다. 물론 여러분은 이미 지금까지 충분한 지식을 쌓았기 때문에 이러한 사각형이 정사각형이라는 생각을 하고 있겠지만, 그래도 엄격하게 증명해보는 것은 재미있을 것이다. 이 직사각형의 한 변을 x라고 하자(그림 4). 그러면 R이 통나무의 반지름인 다른 한 변은 $\sqrt{4R^2 - x^2}$이 된다. 따라서 직사각형의 면적은

$$S = x\sqrt{4R^2 - x^2}$$

이고, 따라서

$$S^2 = x^2(4R^2 - x^2)$$

이 된다.

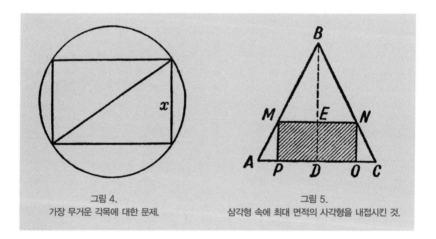

그림 4.
가장 무거운 각목에 대한 문제.

그림 5.
삼각형 속에 최대 면적의 사각형을 내접시킨 것.

두 인수 x^2과 $4R^2 - x^2$의 합은 일정하므로($x^2 + 4R^2 - x^2 = 4R^2$), S^2이 최대가 되는 것은 $x^2 = 4R^2 - x^2$, 즉 $x = R\sqrt{2}$일 때이다. 바로 이 때 S, 즉 구하고자 하는 사각형의 면적도 최대가 된다.

그렇게 해서 최대 면적을 가진 직사각형의 한 변은 $R\sqrt{2}$ 즉, 내접하는 정사각형의 변이 된다. 단면이 원통형 통나무의 단면에 내접하는 정사각형일 경우 각목은 최대 체적을 갖는다.

9. 마분지 삼각형

삼각형 모양의 마분지가 있다. 밑변과 높이에 평행이 되도록 최대 면적의 직사각형을 이 마분지에서 잘라내야 한다.

풀 이

ABC를 해당 삼각형이라고 하고(그림 5), $MNOP$는 마분지에서 잘라낸 사각형이라고 하자. 삼각형 ABC와 NBM은 닮은꼴이기 때문에

$$\frac{\overline{BD}}{\overline{BE}} = \frac{\overline{AC}}{\overline{NM}}$$

이고, 따라서

$$\overline{NM} = \frac{\overline{BE}\cdot\overline{AC}}{\overline{BD}}$$

이다. 구하는 직사각형의 한 변 $\overline{NM}$ 을 y라고 하고, 삼각형 꼭지에서의 거리 $\overline{BE}$ 를 x, 해당 삼각형의 밑변 $\overline{AC}$ 를 a, 그 높이 $\overline{BD}$ 를 h라고 하면, 앞에서 얻은 식은 다음과 같이 된다.

$$y = \frac{ax}{h}$$

구하는 직사각형 $MNOP$의 면적 S는 다음과 같다.

$$S = \overline{MN} \cdot \overline{NO} = \overline{MN} \cdot (\overline{BD}-\overline{BE}) = (h-x)y = (h-x)\frac{ax}{h}$$

따라서

$$\frac{Sh}{a} = (h-x)x.$$

면적 S가 최대가 되는 것은 $\frac{Sh}{a}$가 최대가 될 때이며, 결국 인수들($h-x$)과 x의 곱이 최대가 될 때이다. 하지만 합계 $h - x + x = h$는 일정하다. 다시 말해서 인수들의 곱이 최대가 되는 것은

$$h - x = x$$

일 때이고, 따라서

$$x = \frac{h}{2}$$

일 때이다.

구하는 직사각형의 변 NM이 수선의 중점을 지나고, 따라서 두 변의 중점을 연결한다는 것을 우리는 알 수 있었다. 즉 직사각형의 한 변은 $\frac{a}{2}$이며, 다른 변은 $\frac{h}{2}$이다.

10. 고민에 빠진 양철공

양철기술자에게 주문이 들어왔다. $60cm$ 폭의 정사각형 양철판을 가지고, 정사각형 바닥을 가진 뚜껑 없는 상자를 만들어달라는 것인데, 이 때 상자는 최대 용적이어야 한다는 조건이 덧붙여졌다. 기술자는, 가장자리를 얼마의 폭으로 접어 구부려야 할 지 오랫동안 이리저리 재봤지만, 도무지 결정을 내릴 수가 없었다(그림 6). 기술자가 이 문제를 해결하려면 어떻게 해야 할까?

그림 6. 고민에 빠진 양철공.

풀 이

그림에서 접어 구부려지는 폭을 x라고 하자(그림 7). 그럴 경우 상자의 정사
각형 바닥의 폭은 60−2x이다. 그리고 상자의 용적 v는 다음과 같이 된다.

$$v=(60-2x)(60-2x)x$$

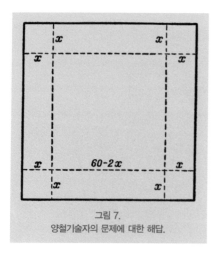

그림 7.
양철기술자의 문제에 대한 해답.

x가 얼마일 때 이 용적이 최대가 될까? 세 개 인수의 합이 일정하다면 그것들이 동일할 경우 용적 v는 최대가 될 것이다. 하지만 여기에서 인수들의 합

$$60-2x+60-2x+x=120-3x$$

은 일정하지 않은데, 왜냐하면 x가 변함에 따라 합이 변하기 때문이다. 그럼에도 불구하고 세 인수의 합을 일정하게 만드는 것은 어렵지 않다. 이를 위해서는 등식의 양 쪽에다가 4를 곱해주기만 하면 된다. 그럼 다음의 식을 얻게 된다.

$$4v=(60-2x)(60-2x)4x$$

이들 인수의 합은

$$60-2x+60-2x+4x=120$$

이며 이것은 일정하다. 다시 말해서 이들 인수의 곱은 그것들이 동일할 때 최대가 되는데, 즉

$$60-2x=4x$$

$$x=10$$

일 때 최대가 되는 것이다.

이 때 $4v$, 그리고 그와 함께 v 역시 최대가 되는 것이다.

그렇게 해서 양철판을 $10cm$ 접어 구부리면, 상자는 최대용적을 얻게 될 것이다. 이 최대 용적은 $40 \times 40 \times 10 = 16,000cm^3$가 된다. 만일 $1cm$ 더 적거나 더 많이 구부리면 두 경우 모두에서 상자의 용적은 작아질 것이다. 실제로

$9 \times 42 \times 42 = 15,900 cm^3$

$11 \times 38 \times 38 = 15,900 cm^3$

가 되어서 두 경우 모두 $16,000 cm^3$ 보다 작아진다. 문제를 전체적인 부분에서 해결할 때

우리는 정사각형 판자의 폭이 a일 때 최대 용적의 상자를 얻기 위해서는 $\frac{1}{6}$폭만큼 가장자리를 접어 구부리면 된다는 것을 알 수

있는데, $(a-2x)(a-2x)x$, 혹은 $(a-2x)(a-2x)4x$ 가 $a-2x=4x$ 일 때 최대가 되기 때문이다.

11. 곤경에 빠진 선반공

　선반기술자에게는 원추형 재료가 주어지고, 이제 그는 재료를 가능한 적게 깎아내어 실린더를 만들어야 한다(그림 8). 기술자는 실린더의 형태에 대해 고민하기 시작했다. 좁고 높게 만들까(그림 9 왼쪽), 아니면 반대로 낮고 넓게 만들까(그림 9 오른쪽). 어떤 형태일 때 실린더의 용적이 최대가 될 지, 즉 재료가 더 적게 깎이게 될 지, 그는 오랫동안 결정을 내릴 수가 없었다. 과연 기술자는 어떻게 해야 할까?

그림 8.
고민에 빠진 선반공.

풀 이

이 문제는 신중한 기하학적 사고력을 필요로 한다. ABC(그림 10)를 원추의 단면이라고 하고, 높이 $\overline{BD}$는 h, 밑변의 반지름 $\overline{AD} = \overline{DC}$를 R이라고 표기하자. 원추에서 깎아낼 수 있는 실린더는 단면 $MNOP$를 가진다. 실린더의 용적이 최대가 되도록 그 윗면과 정점 B와의 거리 $\overline{BE} = x$를 구해보자.

실린더 밑변의 반지름 r($\overline{PD}$ 혹은 $\overline{ME}$)은 아래 비례식으로부터 쉽게 구할 수 있다.

$$\frac{\overline{ME}}{\overline{AD}} = \frac{\overline{BE}}{\overline{BD}}, \quad 즉 \quad \frac{r}{R} = \frac{x}{h}$$

여기에서

$$r = \frac{Rx}{h}$$

이다. 실린더의 높이 $\overline{ED}$는 $h-x$이다. 따라서 그 체적은

$$v = \pi \left(\frac{Rx}{h}\right)^2 (h-x) = \pi \frac{R^2 x^2}{h^2}(h-x)$$

이며, 여기에서

$$\frac{vh^2}{\pi R^2} = x^2(h-x)$$

가 된다.

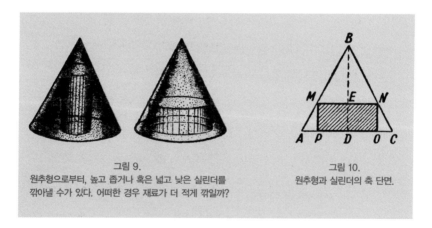

그림 9.
원추형으로부터, 높고 좁거나 혹은 넓고 낮은 실린더를 깎아낼 수가 있다. 어떠한 경우 재료가 더 적게 깎일까?

그림 10.
원추형과 실린더의 축 단면.

$\dfrac{vh^2}{\pi R^2}$ 에서 h, π, R은 일정하고, 단지 v만이 가변적이다. 우리는 v가 최대가 되는 그런 x를 찾으려고 한다. 하지만 여기에서 v가 최대가 되려면, $\dfrac{vh^2}{\pi R^2}$, 즉 $x^2(h-x)$가 최대가 되면 된다. 그렇다면 언제 $x^2(h-x)$가 최대가 될까? 우리는 여기에서 세 개의 가변적인 인수 x, x 와 $h-x$를 가지고 있다. 만일 그것들의 합이 일정하다면 인수들이 같을 때 그 곱은 최대가 될 것이다. 위 식의 양쪽 부분을 두 배로 하면 다음을 얻게 된다.

$$\dfrac{2vh^2}{\pi R^2} = x^2(2h-2x)$$

이제 오른쪽 부분의 인수 세 개는 일정한 합을 가지게 된다.

$x+x+2h-2x=2h$

따라서 그 곱은 모든 인수들이 같을 때, 즉

$x=2h-2x$, 그리고 $x=\dfrac{2h}{3}$

일 때 최대가 될 것이다.

바로 그럴 때 $\dfrac{2vh^2}{\pi R^2}$도 최대가 되며, 그와 함께 실린더 체적 v도 최대가 된다. 이제 우리는 구하는 실린더를 얼마만큼 깎아내야 하는지 알게 되었다. 실린더의 위쪽 밑변은 정점에서 높이의 $\dfrac{2}{3}$ 되는 곳에 있어야 한다.

12. 판자를 길게 만드는 방법

작업실이나 혹은 집에서 어떤 물건을 만들 때, 가지고 있는 재료의 크기가 필요로 하는 크기와 다를 때가 종종 있다.

그럴 때 기하학적, 구조적 사고를 활용해서 재료에 상응하는 작업을 하게 되면 크기를 바꾸거나 그 외 많은 것을 얻을 수가 있다.

그림 11. 세 번의 톱질과 한 번의 접착으로 판자를 길게 만드는 방법.

예를 들어 다음의 경우가 있다고 하자. 책꽂이를 만들려고 하는데, 이를 위해서는 길이 1m에 폭 20cm의 판자가 필요하다. 하지만 당신이 가지고 있는 판자는 길이가 더 짧고, 폭은 더 넓은, 예를 들면 길이 75cm에 폭 30cm의 판자이다(그림 11 왼쪽).

어떻게 해야 할까?

물론 판자를 세로 폭 10cm로 톱질을 해서 잘라낸 다음(점선), 그것을 가로로 $25cm$씩 3등분해서 그 중 조각 두 개를 판자에 갖다 붙여도 된다(그림 11 아래쪽).

하지만 그러한 해결 방법은 우선 작업 횟수에 있어서 비경제적이고(톱질을 세 번 해야 하고 세 번 갖다 붙여야 한다), 또 견고함에 있어서도 그리 만족스럽지 못하다(조각들이 판자에 붙여져 있는 부분은 아무래도 견고함이 떨어질 수밖에 없다).

그렇다면 세 번의 톱질과 단 한 번의 접착으로 이 판자를 길게 만들 수 있는 방법을 궁리해보자.

풀 이

판자 $ABCD$는 대각선 $\overline{AC}$를 따라 톱질을 하고(그림 12), 그 중 절반 하나(예를 들어 △ADC)를 $\overline{C_1E}$의 길이가 꼭 부족한 길이, 그러니까 $25cm$가 되도록 대각선을 따라 평행으로 이동시킨다. 그러면 판자 두 장의 전체 길이는 $1m$가 된다. 이제 이 판자들을 $\overline{AC_1}$ 선을 따라 접착시키고, 남은 부분들(가는 선으로 표시된 삼각형들)은 잘라버린다. 그렇게 해서 우리가 구하는 크기의 판자를 얻을 수 있다.

삼각형 ADC와 삼각형 C_1EC는 닮은꼴이므로

$$\overline{AD} : \overline{DC} = \overline{C_1E} : \overline{EC}$$

이고, 여기에서 $\overline{EC} = 10$이다.

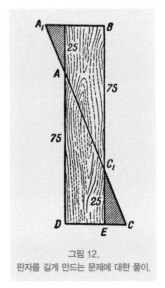

그림 12.
판자를 길게 만드는 문제에 대한 풀이.

그러므로

$$\overline{DE} = \overline{DC} - \overline{EC}$$

$$= 30cm - 10cm = 20cm$$이다.

13. 가장 짧은 코스

마지막으로 아주 간단한 기하학 규칙으로 해결되는 '최대 및 최소'에 관한 문제를 알아보기로 하자.

A마을과 B마을로 파이프를 통해 물이 공급될 수 있도록 강가에 급수 탑을 만들려고 한다(그림 13).

급수탑에서 두 마을까지 파이프의 전체 길이가 최소가 되게 하려면 과연 어느 지점에 급수탑을 세워야 할까?

풀 이

이 문제는 A에서 강가까지, 그런 다음 그곳에서 B까지 가는 최단코스를 구하라는 문제이다.

구하고자 하는 코스가 ACB라고 하자(그림 14). $\overline{CN}$을 따라 도면을 접으면 점 B'가 생긴다. 만일 ACB가 최단코스라면 $\overline{CB'} = \overline{CB}$이기 때문에, 코스 ACB'는 다른 어떤 코스(예를 들어 ADB')보다 더 짧아야 한다. 다시 말해서 최단코스를 찾기 위해서는 직선 $\overline{AB'}$와 강가의 교점 C를 찾으면 된다. 그리고 C와 B를 연결하면, A에서 B까지 가는 최단코스를 구한 셈이 된다.

그림 13. 급수탑에 관한 문제.

점 C에서 $\overline{CN}$에 직교하는 수직선을 긋게 되면, 이 수직선과 최단코스의 두 부분인 $\angle ACP$와 $\angle BCP$가 서로 같음을 쉽게 알 수 있다($\angle ACP = \angle B'CQ = \angle BCP$).

이것이 바로 널리 알려진 광선의 법칙으로써 광선이 거울에서 반사될 때 입사각과 반사각은 같게 된다. 여기에서 도출되는 것은, 광선은 반사할 때 최단코스를 취한다는 것으로써, 이미 2000년 전 고대 물리학자이자 기하학자였던 헤론 알렉산드리스키는 이러한 결론을 알고 있었다.

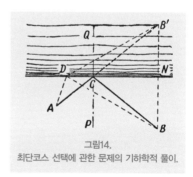

그림14.
최단코스 선택에 관한 문제의 기하학적 풀이.

정사각형의 뛰어난 특성

　같은 둘레의 다른 모든 사각형들과 비교해서 가장 큰 면적을 갖는 정사각형의 뛰어난 특성에 대해 많은 사람들이 아직 모르고 있다. 따라서 이것이 정말 사실인지 한번 진지하게 증명해 보자.

　직사각형의 둘레를 P라고 하자. 그러한 둘레를 가진 정사각형의 각각의 변의 길이는 $\frac{P}{4}$가 되어야 한다. 이 정사각형의 한 변을 어떤 길이 b만큼 짧게 하는 대신 인접한 한 변을 그만큼 길게 해서 만든 직사각형은 둘레 길이는 같지만 면적은 더 작다는 것을 증명해보자. 다시 말해서 정사각형의 면적 $\left(\frac{P}{4}\right)^2$이 직사각형의 면적 $\left(\frac{P}{4}-b\right)\left(\frac{P}{4}+b\right)$보다 더 크다는 것을 증명해보자.

$$\left(\frac{P}{4}\right)^2 > \left(\frac{P}{4}-b\right)\left(\frac{P}{4}+b\right)$$

　이 부등식의 오른쪽은 $\left(\frac{P}{4}\right)^2 - b^2$이기 때문에 식은 다음의 형태를 가지게 된다.

　$O > -b^2$ 또는 $b^2 > O$

그런데 b는 선분의 길이로서 양수든지 음수든지 항상 실수이므로 그 제곱은 반드시 0 보다 크다. 따라서 최초의 부등식도 올바른 것이다.

그렇게 해서 둘레 길이가 같은 직사각형 중에서 최대의 면적을 가지는 것은 정사각형이 된다.

파홈이 이와 같은 정사각형의 성질을 알았더라면 소요되는 힘을 제대로 분배해서 좀더 많은 토지를 손에 넣을 수 있었을 것이다. 예를 들어 그가 하루 종일 자신의 한계 내에서 36베르스타 정도 걷는다는 것을 알고 있다면 그는 사각형의 한 변 당 9베르스타를 걸었을 것이고 저녁 무렵이면 81평방 베르스타의 땅, 그러니까 그가 자신의 한계를 넘어서 죽음을 맞을 정도의 힘을 써서 얻어낸 땅보다 3평방 베르스타 더 많은 땅을 얻을 수 있었을 것이다. 반대로 그가 얻고자 하는 일정한 땅 면적을 정했다면 그는 좀더 적은 힘을 들여서 원하는 목적을 달성할 수 있었을 것이다.

페렐만의 살아있는 수학 4

초판 1쇄 : 2010년 4월 15일

지은이 : 야콥 페렐만
옮긴이 : 김영란

펴낸곳 : 도서출판 써네스트
펴낸이 : 강완구
출판등록 : 2005년 7월 13일 제 313-2005-000149호

주 소 : 서울시 마포구 동교동 165-8 엘지팰리스 빌딩 925호
전 화 : 02-332-9384
팩 스 : 02-332-9383
이메일 : sunestbooks@yahoo.co.kr
홈페이지 : www.sunest.co.kr

값 10,000원
ISBN 978-89-91958-40-1 03410